U0352523

中国国际问题研究院
资助出版

地区组织网络安全治理

肖莹莹◎著

Cyber Security Governance:
From the Perspective of Regional Organizations

时 事 出 版 社
北京

中国国际问题研究院资助出版

目录

Contents

第一章

绪论

一、研究的背景

在世界多极化、经济全球化、文化多样化深入发展，全球治理体系深刻变革的背景下，人类迎来了信息革命的新时代。以互联网为代表的信息技术日新月异，引领了社会生产新变革，极大地促进了社会经济的繁荣，创造了人类生活新空间，拓展了国家治理新领域，提高了人类认识世界、改造世界的能力。网络空间越来越成为信息传播的新渠道、生产生活的新空间、经济发展的新引擎、文化繁荣的新载体、社会治理的新平台、交流合作的新纽带、国家主权的新疆域。国际电信联盟（ITU）2017 年 7 月发布的《2017 年全球网络安全指数》报告显示，2016 年全球互联网用户达到 35 亿人，约占世界总人口的一半；到 2020 年，接入互联网的终端设备预计将达到 120 亿台。① 中国互联网络信息中心（CNNIC）2018 年 1 月发布的第 41 次《中国互联网络发展状况统计报告》显示，截至 2017 年 12 月，中国网民规模达 7.72 亿，普及率

---

① ITU, "Global Cybersecurity Index 2017", July 2017, https://www.itu.int/dms_pub/itu-d/opb/str/D-STR-GCI.01-2017-PDF-E.pdf.

达到 55.8%，超过全球平均水平（51.7%）4.1 个百分点，超过亚洲平均水平（46.7%）9.1 个百分点。① 作为人类社会的共同财富，互联网让世界变成"地球村"，各国在网络空间互联互通、利益交融、休戚与共。维护网络空间和平与安全，促进开放与合作，共同构建网络空间命运共同体，符合国际社会的共同利益，也是国际社会的共同责任。②

网络空间给人类带来巨大机遇，同时也带来了新的问题和挑战，网络空间的安全与稳定成为攸关各国主权、安全和发展利益的全球关切。互联网领域发展不平衡、规则不健全、秩序不合理等问题日益凸显。

国家和地区间的"数字鸿沟"不断拉大。经济落后的发展中国家缺乏研发和使用信息技术的能力，正在成为"数字贫穷"国家，不仅难以享受信息技术高速发展带来的好处，而且几乎没有技术能力抵御形形色色的网络攻击，网络安全、经济安全和政治安全都面临严峻挑战。相关数据显示，发达国家的家庭上网的可能性几乎是发展中国家的 2 倍，是最不发达国家的 5 倍以上，个人用户的互联网访问率也有类似的差异；欧洲人上网的可能性是非洲人的 3 倍多，并且能享受到更快的访问速度。③

互联网带来的问题和挑战也在不断增多。网络恐怖主义成为全球公害，恐怖分子利用网络宣传恐怖极端思想，策划和实施恐怖主义活动。网络犯罪呈蔓延之势，聚焦数字经济的网络犯罪产业化发展态势并没有得到遏制，网络勒索、电信诈骗、电子色情服务等网络犯罪活动持续升级。据估算，2016 年，互联网对全球经济的贡献高达 4.2 万亿美元，

---

① "第 41 次《中国互联网络发展状况统计报告》全文"，中国互联网络信息中心，2018 年 1 月 31 日，http：//www. cac. gov. cn/2018 - 01/31/c_1122347026. htm。

② "网络空间国际合作战略"，新华网，2017 年 3 月 1 日，http：//news. xinhuanet. com/2017 - 03/01/c_1120552767. htm。

③ ITU，"Measuring the Information Society Report 2017"，November 2017，https：//www. itu. int/en/ITU-D/Statistics/Documents/publications/misr2017/MISR2017_Volume1. pdf。

但同时网络犯罪的成本高达 4450 亿美元，后者在 2019 年可能增至 2 万亿美元。① 滥用信息通信技术干涉别国内政、从事大规模网络监控等活动时有发生。用户个人信息、企业商业秘密甚至政府和政党的政治机密遭到大规模泄露，围绕大选等重大政治事件的黑客攻击成为国家间意识形态战略博弈的新形式。关键信息基础设施存在较大风险隐患，针对重要关键信息基础设施和工业系统的攻击更加智能、隐匿且影响巨大。2017 年 5 月，勒索病毒肆虐全球 150 多个国家，大量受影响的设备都属于关键信息基础设施，遍布金融、能源、通信等各个行业，破坏性极其巨大，让大部分人从"围观者"被迫成为"受害者"。全球互联网基础资源管理体系难以反映大多数国家的意愿和利益，少数发达国家在网络信息资源和技术等方面占有垄断或优势地位，实际操控着全球网络空间的治理权，形成了对其他国家极为不平等的状况。

网络空间缺乏普遍有效规范各方行为的国际规则，这令其自身发展受到制约。2013 年 6 月以来，斯诺登及其引爆的"棱镜门"事件使网络安全问题引起各国的高度关注，国际社会逐渐开始形成共识——在网络安全带来的问题和挑战面前，任何国家都难以独善其身，各方必须就网络安全问题加强国际协调和合作，以规则为基础实现网络空间全球治理。

然而，在网络空间威胁日益加剧的背景下，全球网络空间规则的制定仍处于初试阶段，各国政府至今仍未建立全球政策框架。2017 年 6 月，第 2016—2017 届联合国信息安全政府专家组（UNGGE）在纽约开完最后一次会议，25 个国家官方代表进行的谈判最终破裂，未能就网络空间行为规范形成共识性文件。因此，全球网络空间的规则治理依然

---

① CIGI and Chatham House, "Global Commission on Internet Governance", 2016, pp. i – iv, https: //www. chathamhouse. org/sites/default/files/publications/research/2016 – 06 – 21 – global – commission – internet – governance. pdf.

任重而道远，各国应继续积极推动双边、区域和全球协商合作，坚持多边和多方参与，发挥政府、国际组织、互联网企业、技术社群、民间机构、公民个人等各主体作用，构建全方位、多层面的治理平台。

在多利益攸关方框架中，不同行为体既有其专长，也有其缺陷。政府可以凭借其政治权威整合不同资源，提供必需的公共产品，但其在具体政策的执行过程中却不得不依赖私营机构或公民社会的配合。私营机构是互联网发展和技术创新的重要推动力量，但在涉及整体规划和统筹方面则又离不开政府的支持。互联网社群因其技术特长而具有相比于政府和企业的不对称优势，而且在互联网治理中，个人或公民社会的配合也不可或缺。

二、问题的提出

网络空间的全球性、虚拟性和无国界性使网络安全成为全球公共产品的一种类型，具备公共产品的基本特征——非排他性和非竞争性，①并因此无法逃避外部性和搭便车问题。这意味着，如果每个国家都根据本国利益为其网络提供安全措施，作为公共产品的网络安全在全球层面很可能是供给不足的，这也决定了网络安全全球治理的必要性。全球治理是 20 世纪 90 年代开始兴起的国际关系概念。学界一般把国家、国际组织、市场和由众多非政府组织组成的公民社会看作全球治理的重要主体。如今，各类国际组织正发挥着越来越重要的作用。

与网络安全治理有关的国际组织可以划分为两种类型。② 一种是政

---

① 张宇燕、李增刚：《国际关系的新政治经济学》，中国社会科学出版社 2010 年版，第 139—140 页。

② David A. Gross, Nova J. Daly, M. Ethan Lucarelli and Roger H. Miksad, "Cyber Security Governance: Existing Structures, International Approaches and the Private Sector", in Kristin M. Lord and Travis Sharp, eds., *America's Cyber Future: Security and Prosperity in the Information Age*, CNAS, June 2011, pp. 110 – 113.

府间组织（Intergovernmental Organizations，IGOs）。公共产品理论指出，要解决免费搭车问题，政府必须扮演重要角色，以弥补公共产品的最优供给量和私人领域自愿提供部分之间的差距，可以通过征税的方式为公共产品的供给筹资，同时为那些提供公共产品的私人企业提供补贴。因此，作为公共安全的一种类型，网络安全需要由主权国家政府和由主权国家构成的政府间国际组织作为主导治理进程的行为主体。[①] 实践中，很多政府间国际组织都十分关注网络安全事务，它们当中既有全球性国际组织，也有地区组织；既有建立在条约基础上的国际组织（如联合国），也有较为松散的论坛性组织（如亚太经合组织）。由于网络技术应用广泛，涉及的领域众多，很多政府间组织都发起了网络安全倡议。另一种是国际互联网技术组织（International Internet Technical Organizations，IITOs），比如互联网名称与数字地址分配机构（ICANN）、国际互联网协会（ISOC）、互联网工程任务组（IETF）和万维网联盟（W3C）。这些互联网技术组织为非政府的治理机制，主要由学术界、公共部门或私营部门的研究人员及科学家创建，而且从技术层面制定了互联网领域的很多条约、标准等。

国际组织提供网络安全公共产品的能力取决于其能否以集体认同的标准认定、惩罚和约束搭便车者，进而帮助解决网络安全在全球层面的供给不足问题。就以上两种类型的国际组织而言，国际网络技术组织由于具有技术专长且谈判机制较为灵活，在规范设定方面的能力要高于政府间组织，但在执行力方面却要弱于后者。不管是在国内还是国际层面，国际网络技术组织都缺乏执行能力，只能为那些具备规范执行力的

---

① 尽管在网络安全这一议题上，政府及政府间国际组织扮演了治理主体的角色，但也不能忽略其他主体在治理过程中可能发挥的作用。比如，私营企业是互联网发展和技术创新的主要推动力量，社群在提高网络权利的认知度和加强行业自律方面则发挥了积极的作用，这些因素共同促进了网络安全的实现。从这个角度讲，网络安全治理仍然需要多利益攸关方的共同参与。

政府间组织提供技术支持。① 而且，互联网方面公共政策问题的决策权属于国家主权，政府间国际组织将在协调与互联网相关的公共政策中发挥重要作用。鉴于此，网络安全公共产品仍将以政府间国际组织为主要的供给主体。

政府间国际组织提供公共产品的能力也有很大不同。以联合国为代表的全球性国际组织在国际参与范围和授权能力（mandate）方面是独一无二的，但其在规则的设定方面却存在程序繁琐、耗时较长、专业性不足等缺点。从实践层面来看，近年来，联合国围绕网络安全开展的全球性协商也的确因各方分歧和多头决策危机而进展缓慢。早在 2001 年 12 月，联合国大会就接受国际电信联盟的倡议，决定举办信息社会世界峰会（WSIS）。峰会分两阶段举行：2003 年 12 月在瑞士的日内瓦举行了第一阶段峰会；2005 年 11 月在突尼斯的突尼斯城举行了第二阶段峰会。而且，峰会首次采取多利益攸关方共同参与的方式，吸引了众多国家、国际组织、民间团体和私营部门的广泛参与。但是，由于发达国家和发展中国家在缩小数字鸿沟和互联网国际管理两个主要议题上存在较大分歧，无论是日内瓦峰会上通过的《原则声明》和《行动计划》，还是突尼斯峰会上通过的《突尼斯承诺》和《突尼斯议程》，都只是一些倡议和声明，与网络安全条约的标准还相距甚远。举例来说，《突尼斯议程》就网络犯罪问题的表述是，"我们强调惩治网络犯罪的重要意义，包括惩治在一个司法辖区实施、但对另一辖区产生影响的网络犯罪。我们进一步强调必须在国家和国际两个层次采用实用高效的工具和机制，重点促进网络犯罪执法部门间的国际合作。我们呼吁各国政府与其他利益攸关方合作，制定查处网络犯罪的立法，并注意现有的法律框架，例如有关'打击违法滥用信息技术'的联大第 55/63 和 56/121 号

---

① Kristin M. Lord and Travis Sharp, eds., *America's Cyber Future: Security and Prosperity in the Information Age*, CNAS, June 2011, pp. 114 – 116.

决议以及欧洲委员会（Council of Europe）的《布达佩斯网络犯罪公约》"。① 值得关注的是，该议程特别提到了欧洲委员会的《布达佩斯网络犯罪公约》。后者是当时也是截至目前唯一一份具有法律效力的专门解决与计算机相关犯罪行为的多边文件，但该公约是由发达国家制定的，反映的也多是发达国家的利益主张和价值诉求，故而其公平性和代表性存疑。此后，联合国为了推动网络犯罪全球性规范的达成还做了很多努力，但最终收效甚微。比如，2010 年 4 月，在巴西召开的第 12 届联合国预防犯罪和刑事司法大会上，俄罗斯提出了有关网络犯罪全球条约的提案，获得中国等发展中国家的支持，但最终因美欧的反对而遭到否决。② 美欧的立场是，不需要新的网络犯罪条约，因为与网络犯罪有关的《布达佩斯网络犯罪公约》自 2001 年就已存在；若要在联合国签署网络犯罪条约，将耗时很久，因此当务之急是提高能力建设，不需要为一个全新的未经验证的条约再浪费时间。事实上，与网络战争、数据和隐私保护等议题相比，各国在网络犯罪议题上的分歧相对较少，同时网络犯罪也被各国普遍认同为最亟需应对的网络安全问题，但是即使在这个最有可能达成共识的议题领域，依然没有达成全球性的治理规范。

相比之下，一些地区性国际组织（简称"地区组织"）已经在网络安全的机制建设方面走在了全球性国际组织的前面。比如，欧洲委员会早在 2001 年 11 月就已推出全世界第一部针对网络犯罪行为的国际公约——《布达佩斯网络犯罪公约》。截至 2018 年 8 月，全球共有 61 个国家批准/加入了该公约，包括美国、日本、澳大利亚、加拿大、菲律宾等欧洲委员会的非成员国，对世界多数国家的有关立法产生了重要影

---

① 《信息社会突尼斯议程》，2005 年 11 月，http：//www.un.org/chinese/events/wsis/a-genda.htm。

② Mark Ballard, "Conflict over Proposed United Nations Cybercrime Treaty", April 15, 2010, http：//www.computerweekly.com/news/1280092581/Conflict-over-proposed-United-Nations-cyber-crime-treaty.

响。欧盟自 1992 年就开始推出网络安全方面的法规和政策，目前已建立全面系统的网络安全政策法规体系，并拥有组织完备的机构设置。非盟也在 2014 年 6 月推出了《网络安全和个人数据保护公约》。东盟尚无具有约束力的网络安全规范，但也推出了一系列有关网络安全的行动计划、工作项目、声明、宣言、框架、总体规划等。因此，在网络安全全球治理框架暂难推出的大背景下，地区层面的合作相比而言更容易获得长足发展。而且，未来要建立网络安全全球治理框架，还可以将其建立在地区组织的框架之上。

地区组织如何开展网络安全治理？是否受到网络安全的非常规特征[①]——主权难以界定、合法性难以判定、身份难以限定、过程难以追踪、应对难以依靠单一主体的影响？不同的地区组织开展网络安全治理的方式方法有何异同？这与其原有的运行机制有着怎样的关系？概而言之，本书研究的核心问题是地区组织的特征如何影响其开展网络安全治理的路径。针对上述问题，本书拟从地区主义、安全治理、国际组织学相结合的理论视角，研究欧盟、东盟、非盟治理网络安全的路径及其特点，进而尝试对上述问题做出解答。

三、选题的意义

一方面，从地区组织的角度研究网络安全治理，既是研究视角的创新，也具有很强的理论意义。目前，国内对网络安全治理的研究多是从联合国或国别的角度切入，对地区组织开展的网络安全治理情况缺乏必要的考察，本书的研究能为全球网络安全治理提供地区组织的视角，具有一定的创新意义。面对网络安全全球治理的尴尬局面，地区组织治理是更为现实可行的治理路径。正如建构主义学者玛莎·芬尼莫尔（Mar-

---

① 廖丹子："'多元性'非传统安全威胁：网络安全挑战与治理"，《国际安全研究》2014 年第 3 期，第 25—39 页。

tha Finnemore) 所言，可以在现有的地区组织和功能性国际组织的平台上磋商网络安全规范，因为"与全球性国际组织相比，地区组织的成员数量少，关心的问题较为一致，更有可能迅速达成协议"。[①] 通过比较欧盟、非盟和东盟等地区组织在网络安全理念和治理方式上的异同，可以进一步丰富和发展地区组织理论和全球治理理论，为其提供更为全面的经验基础。

另一方面，选题具有现实性和较强的决策参考价值。"十八大"以来，党和国家高度重视网络安全问题，做出了在国家总体安全观的指导下，正确处理网络安全和信息化发展的关系，加快建设网络强国的战略部署。习近平主席在讲话中强调，"没有网络安全就没有国家安全"，"推进全球互联网治理体系变革是大势所趋、人心所向。国际网络空间治理应该坚持多边参与、多方参与，发挥政府、国际组织、互联网企业、技术社群、民间机构、公民个人等各种主体作用"。[②] 了解和掌握地区组织在网络安全治理方面的最新进展，对于中国确定国际谈判的立场，更好地在网络安全问题上开展国际合作具有现实意义。中国与东盟、非盟和欧盟等地区组织正在以及即将开展的网络安全合作，有助于推动网络空间命运共同体和"21世纪数字丝绸之路"的建设，并将嵌入全球网络安全治理的现实版图。

其中，中国与东盟的网络安全合作已经迈出了坚实的步伐。2014年9月，首届中国—东盟网络空间论坛在南宁举办。中方提出，中国与东盟在网络空间有着很多共同的理念和诉求，中方希望与东盟携手深化网络空间合作，共同打造中国—东盟信息港，使之成为建设中国—东盟

---

① Martha Finnemore, "Cultivating International Cyber Norms", in Kristin M. Lord and Travis Sharp, eds., *America's Cyber Future: Security and Prosperity in the Information Age*, CNAS, June 2011, pp. 89 – 101.

② "习近平：自主创新推进网络强国建设"，新华网，2018年4月21日，http://www. xinhuanet. com/2018 – 04/21/c_1122719810. htm。

命运共同体的重要平台。2015 年 1 月，第九次中国—东盟电信部长会议在泰国曼谷召开，会议支持中方提出的关于建立中国—东盟国家计算机应急响应组织合作机制的倡议，一致认为该机制是加强双方网络安全合作的重要平台。2015 年 9 月，在以"互联网 + 海上丝绸之路——合作·互利·共赢"为主题的中国—东盟信息港论坛上，中方就中国—东盟网络空间合作进一步提出八点合作倡议，包括共同打击网络恐怖主义，不让网络成为恐怖主义的温床，共同打击网络犯罪，打击窃取信息、侵犯隐私等行为，等等。① 2016 年 11 月，以"网络空间安全与社会管理"为主题的第一届中国—东盟网络空间安全高峰论坛在南宁开幕。2017 年 9 月，第四届中国—东盟网络信息安全研讨会在南宁召开，东盟多国专家增进交流与共识，并期待中国—东盟携手应对网络信息安全挑战。共筑网络安全合作空间已成为中国与东盟建立命运共同体的必然选择。加快推动中国—东盟网络安全合作，是推动中国与东盟各国以信息化促进区域经济社会繁荣发展的重要途径，也是落实国家"一带一路"倡议的重要举措，对于促进"21 世纪海上丝绸之路"的发展具有十分重要的战略意义。

作为战略合作伙伴，中国与欧盟也早已开展网络安全方面的磋商与合作。双方在 20 世纪 90 年代就建立了有关信息社会的高层对话。2005 年 7 月 1 日至 2009 年 6 月底，中国—欧盟开展了信息社会项目。该项目旨在通过信息化推动中国的经济和社会发展，加强中欧对话与交流，推动信息化有关法律框架比较研究，并通过实施示范项目，在中央级和省级部门开展培训，起到提高政府服务效率和缩小数字鸿沟的作用。项目组在支持中国政府制定和实施基本的法律、法规，改进法律、法规环境方面做了很多工作。双方对话内容涵盖整个信息社会方面的法律框

---

① 刘伟、汪军："中国—东盟信息港论坛闭幕 中方提出八点合作倡议"，新华网，2015 年 9 月 15 日，http://news.xinhuanet.com/newmedia/2015 – 09/15/c_134624461. htm。

架，包括基础结构（电信法）、安全问题（信息安全法、个人数据保护法）、透明度问题（政府信息公开条例）、电子商务问题（电子签名法、电子合同法、在线版权法和在线仲裁法）以及电子政务方面的法规等。[①] 2012 年 9 月，中欧网络工作小组（China-EU Cyber Task Force）会议在北京举行，双方认识到深化在网络问题上的理解与互信的重要性，愿加强交流与合作，应对障碍与威胁，并愿就共同面临的风险交换意见。2013 年，中欧领导人发表的《中欧合作 2020 战略规划》也涉及双方在网络安全方面的合作。2018 年 5 月，双方举行中欧数字经济和网络安全专家工作组第四次会议。2018 年 7 月发布的第二十次中国欧盟领导人会晤联合声明也多次提及双方在数字经济和网络安全方面的合作，指出"双方欢迎中欧网络工作组取得的进展，将继续利用工作组增进相互信任与理解，以促进网络政策交流与合作，并如联合国政府专家组 2010 年、2013 年、2015 年报告所述，进一步制订并落实网络空间负责任国家行为准则、规则和原则"。[②] 不过，到目前为止，欧盟和中国的网络安全合作仅停留在技术和法律援助等层面，还没有达到欧美之间已经开展网络安全联合演习的合作程度。

中国和非盟在网络安全方面的合作目前尚未全面展开。近年来，中国一直在国际社会积极打造负责任大国的身份和形象，不断扩大对非洲国家的各类援助规模，在非洲民众和国际社会中都有很好的口碑，但双方对网络安全这一新兴议题却似乎有些重视不足。2014 年 5 月，中国国务院总理李克强在尼日利亚出席第 24 届世界经济论坛非洲峰会全会时提出，合作建设非洲基础设施"三大网络"，即高速铁路网络、高速公路网络和区域航空网络，其中并没有提及正在非洲大陆迅速普及的移

---

① 王勇："中国—欧盟信息社会项目成效显著"，《中国计算机报》2007 年 10 月 8 日，第 A16 版。

② "第二十次中国欧盟领导人会晤联合声明（全文）"，中华人民共和国驻欧盟使团网站，2018 年 7 月 18 日，http://www.fmprc.gov.cn/ce/cebe/chn/zoyws/t1578374.htm。

动通信网络。而且，从媒体报道来看，在 2014 年 77 名中国人因涉嫌网络诈骗而在肯尼亚被捕之前，中国和非洲国家很少在网络安全问题上发生交集，在加强经济合作、维护地区和平稳定和完善公共卫生体系等传统合作领域面前，网络安全问题几乎完全被忽略。但实际上，在众多"走出去"到非洲开辟市场的中国企业中，不乏华为、中兴这样的通讯企业和联想、海尔等智能手机制造厂商，它们给非洲带去先进的技术，帮助更多（特别是地处偏远地区的）非洲人用上了互联网，降低了网络服务的价格，带动了当地的就业和经济增长。不过，在中国与非洲信息通讯领域的合作与交往中，也夹杂着一些不太和谐的声音。2014 年 12 月，肯尼亚警方逮捕了 77 名被控从事计算机网络犯罪活动的中国公民，并扣押了一批相关设备。肯尼亚警方称，这个犯罪团伙的设备可以入侵银行账户、银行手机网络服务和自动提款机系统，有可能参与了洗钱和网络诈骗，这些人还涉嫌入侵肯尼亚政府的服务器。[①] 但事后的调查显示，这些犯罪分子从事的是跨境电信欺诈，所有的受害者都是中国人，诈骗金额高达 1650 万美元。[②] 对比欧美等西方发达国家在非洲网络安全制度安排中扮演的积极角色，可以发现，中国在同非洲的信息通讯合作方面还有很多值得反思和改进之处。从另一角度来看，这也意味着中国和非盟在网络安全领域还有很大的合作空间，中方在给非洲带去先进的网络技术和服务的同时，可以在网络安全理念上与非洲国家寻求共识，共同推动全球网络安全框架的建立。中国和非洲国家同属发展中国家，在网络全球治理的进程中都处于相对弱势的一方，对美国操纵域名系统管理和欧美国家掌握游戏规则制定权等不合理的现象应当集体发

---

① "肯尼亚因网络诈骗案件逮捕77名中国人"，观察者网，2014 年 12 月 5 日，https://www.guancha.cn/Third-World/2014_12_05_302532.shtml.

② Fredrick Nzwili, "China and Kenya at Odds over Suspected Chinese Cyber Criminals", *The Christian Science Monitor*, January 26, 2015, https://www.csmonitor.com/World/Africa/2015/0126/China-and-Kenya-at-odds-over-suspected-Chinese-cyber-criminals.

声、共同应对。

因此，对地区组织网络安全治理的研究不仅可以为地区组织安全治理提供网络安全这一议题领域的经验基础，而且能为全球网络安全治理提供地区组织的视角。其现实意义体现在，随着中国与欧盟、东盟、非盟等地区组织各领域合作的推进，网络安全必将成为重要的合作议题，了解和掌握这些地区组织在网络安全方面的规则治理和关系治理情况，不仅对中国的网络安全治理具有借鉴意义，而且对中国确立国际谈判立场也十分必要。

四、现有的研究及不足

在开展本课题的研究前，有必要了解国内外学术界对地区组织网络安全治理的研究现状，为本书的研究提供学术背景。

第一，从问题领域来看，关于地区组织参与网络安全治理的必要性，学者们指出，地区组织在网络安全治理合作方面更容易成功，因为它们能以更为合适的方法考虑同一地区内关键基础设施的现代化程度、邻国之间的特定政治关系、历史和心理因素。而且，在地区性协议中，对威胁的理解通常也更容易达成一致。[①] 以合作打击网络犯罪为例，世界各国都已认识到网络犯罪的危害，并通过国内立法加以应对，但问题是各国法律无法实现协调一致。为此，欧盟、联合国、八国集团等国际组织已开始借助条约和国际会议实现协作打击网络犯罪，最显著的进展是欧洲委员会通过的《布达佩斯网络犯罪公约》。有学者提出，推动全球合作打击网络犯罪最可行的方式是倡议3 4 个甚至更多的地区性条约，然后推动地区性条约的一致化，这比将全球各国一个个联合起来更容易。运用前一种方法，取得国际进展似乎会花费更长时间，但可能会

---

① Katharina Ziolkowski, "Confidence Building Measures for Cyberspace-Legal Implications", NATO CCD-COE, Tallinn, 2013, p. 29, https://ccdcoe.org/publications/CBMs.pdf.

是最可行和有效的方法。① 俄罗斯智库 PIR 曾经对俄罗斯推进其网络安全倡议的地区性平台进行过梳理，并且认为：由于俄罗斯 2011 年在联合国提交的《国际信息安全公约》草案并不为国际社会看好，该国转而对地区性组织表现出兴趣，比如上合组织、金砖国家、集安组织、东盟地区论坛等。②

总体而言，现有文献讨论地区组织参与网络安全治理必要性者众，深究地区组织参与网络安全治理的路径、特点等问题者寡；探讨单个地区组织网络安全治理情况者众，深究各组织网络安全治理路径异同者寡；讨论地区组织治理网络犯罪等个别热点议题者众，深究地区组织对网络安全各领域关注程度高低及其原因者寡。

鉴于本书的主体部分将选取欧盟、东盟和非盟作为案例，详细分析这些地区组织开展网络安全治理的目标、手段和特点，因此有关三者网络安全治理的文献将分别在第三至第五章内加以综述，在此不再赘述。

第二，就理论范式而言，有国外学者③全面梳理了国际关系理论的三大学派——现实主义、自由主义和建构主义对数字时代安全的看法，得出的结论是：尽管有越来越多的文献讨论数字时代安全的各个方面，但这些文献却都是政策导向型（policy-oriented）的，几乎没有应用理论，也没有对理论做出贡献。该文对相关文献进行梳理后得出：首先，现实主义者并不认为有必要为理解数字时代的安全而修改他们的理论。国家仍被视为主要的，有时是唯一重要的行为体，否定非国家行为体可以施展（军事）权力。现实主义者将按照其应对复杂相互依存和全球

① Nick Nykodym and Robert Taylor, "The World's Current Legislative Efforts against Cyber Crime", *Computer Law & Security Report*, 20：5, 2004, pp. 390 – 393.

② Vladimir Orlov, "Cyber Crime：A Threat to Information Security", *Security Index：A Russian Journal on International Security*, 18：1, 2012, pp. 1 – 4.

③ Johan Eriksson and Giampiero Giacomello, "The Information Revolution, Security and International Relations：(IR) Relevant Theory?", *International Political Science Review*, Vol. 27, 2006, p. 221.

化的方法来应对数字时代的新挑战。其次，自由主义者赞同现实主义者的观点——国家是国际政治的重要行为体，但与后者不同的是，其认为国家绝不是在国际关系中扮演重要角色的唯一行为体。因此，自由主义者更能够意识到非国家行为体的重要性和全球行为体的多元化。自由主义理论较为隐晦地分析了数字时代的安全性质：在通讯领域，全球一体化和相互依存体现得更为明显，比如公私部门之间的合作关系、军事和民事领域的融合等。自由主义者还认为，"软权力"在数字时代正变得比以前更加重要，主要是因为全球通讯渠道的多元化使得主权边界能够被轻易地跨过。再次，建构主义者对数字时代安全的论述不多。他们认为，信息战是一种特殊类型的"身份战争"，所有类型的边界都遭到挑战，包括典型的国内—国际边界，国家的身份受到威胁。最后，文章在结论中指出，要理解信息革命对安全的影响，有必要形成将自由主义、建构主义和现实主义理论相结合的中观理论。总之，相关文献多为政策分析，理论研究比较欠缺。实际上，这也是网络安全相关研究普遍存在的问题。

第三，从国内外研究成果的形式来看，对地区组织网络安全治理的独立研究较少，多数研究成果都仅仅是将其作为网络安全全球治理的组成部分。[①] 也就是说，很少有文章或专著将地区组织在网络安全治理方面的共有特点及差异进行比较分析，并归纳总结其背后的深层次机理。具体而言，国内对地区组织网络安全治理的研究成果为数甚微，仅有的一些文章也是围绕欧盟的网络安全治理情况展开，很少有关于东盟、非

---

① 相关研究包括 David Satola and Henry L. Judy, "Towards a Dynamic Approach to Enhancing International Cooperation and Collaboration in Cybersecurity Legal Frameworks", *William Mitchell Law Review*, 37：4, 2010, pp. 1754 – 1781; Nick Nykodym and Robert Taylor, "The World's Current Legislative Efforts against Cyber Crime", *Computer Law & Security Report*, 20：5, 2004, pp. 390 – 393; Nazli Choucri, Stuart Madnick and Jeremy Ferwerda, "Institutions for Cyber Security: International Responses and Global Imperatives", *Information Technology for Development*, 20：2, 2014, pp. 96 – 121。

盟、美洲国家组织等全球影响力较弱的地区组织的学术文章。国外的研究成果相对丰富，但也呈现出欧盟研究成果远超其他地区组织的现象。

五、研究方法和基本架构

英国学者马丁·霍利斯（Matin Hollis）和史蒂夫·史密斯（Steve Smith）把国际关系研究方法归纳为实证主义和诠释学两类。[①] 实证主义强调社会事实的客观性、主客体的可分离性和社会科学的价值无涉性，认为社会现象可以通过观察、假设、试验得到解释。而诠释学则注重社会事实的主观性、主客体不可分性和社会科学的价值有涉性，认为在社会科学领域，学术的目的不是发现规律，而是以社会构成的意义和符号网络去理解社会事实和社会现象。[②] 但实际上，这种对研究方法的区分有些近乎理想化，具体到某一项实际研究中则往往是两种类型的结合。

本书将在借鉴国内外学者相关研究成果的基础上，综合使用实证主义和诠释学两种研究方法，对地区组织的网络安全治理问题进行全面、系统的定性分析。通过研究，力求达到以下两个目的：一是探寻地区组织在网络安全这一全新议题领域的安全治理方式与传统方式有何异同；二是考察各个地区组织开展网络安全治理路径的异同及其背后的机理。地区组织对网络安全威胁的不同认知，对网络安全治理目标的不同确定，必然带来应对威胁手段的不同取舍。

为了达到上述目的，本书将主要采取以下几种研究方法：

一是分析折中主义。本书的分析框架类似于美国学者鲁德托·希尔（Rudra Sil）和彼得·卡赞斯坦（Peter Katzenstein）倡导的"分析折中

---

① Matin Hollis and Steve Smith, *Explaining and Understanding International Relations*, Oxford, England: Clarendon Press, 1990, pp. 1 - 7, pp. 45 - 91, pp. 196 - 216. 转引自李少军："第三种方法：国际关系研究与诠释学方法"，《世界经济与政治》2006 年第 10 期，第 7 页。

② 秦亚青："第三种方法：国际关系研究中科学与人文的契合"，《权力·制度·文化——国际关系理论与方法研究文集》，北京大学出版社 2005 年版，第 366—369 页。

主义"（analytic eclecticism）。这一分析方法致力于从不同的理论、方法与风格中选取最佳要素加以组合，旨在超越国际关系研究中现实主义、自由主义和建构主义的范式之争，创造性提取和重组三大主要范式的理论要素，建构一种复合的、具有重要政策与实践意义的"中阶理论"。具体做法是，从每种传统中选择性借用某些核心观点，如现实主义对物质性权力和体系分析的关注，自由主义的相互依赖和制度化安排，建构主义对观念结构、集体认同和社会规范的重视等。① 基于分析折中主义的这些特征，它较单一范式更适合对地区组织的网络安全治理这一复杂问题进行分析。作为分析折中主义方法的体现，本书将以制度作为网络安全治理研究的切入点，以各个地区的社会规范、文化和共同体意识作为治理研究的重要背景，间或剖析大国权力对地区组织网络安全治理方式的影响。同时，本书还综合运用了地区主义、安全治理和国际组织学的相关理论，也算得上是分析折中主义的体现。

二是案例分析法。本书主要选择欧盟、东盟和非盟作为典型案例进行考察，通过比较，找出地区组织应对网络安全问题的共性和差异，并以此为基础探寻其背后成因。

地区组织网络安全治理主要探讨的是地区组织开展网络安全治理的路径。本书认为，网络安全治理不同于互联网治理。后者指代的是一系列有关互联网如何被协调、管理和塑造的问题，主要是技术层面的治理，非国家行为体在其中能发挥的作用甚至不输于国家。而网络安全治理属于安全层面的治理，更多地涉及公共政策方面的内容。这意味着，以国家为中心的制度安排虽然遭到挑战，但国家和政府间国际组织仍在其中发挥最核心的作用。

鉴于此，本书在开展案例分析时选择了欧盟、非盟和东盟三个政府

---

① ［美］鲁德拉·希尔、［美］彼得·卡赞斯坦著，秦亚青、季玲译：《超越范式：世界政治研究中的分析折中主义》，上海世纪出版集团 2013 年版，第 9 页。

间国际组织。它们均为基于区域全面一体化认同导向的综合性地区组织，在地区经济一体化、和平与安全以及地区认同建构中发挥重要作用。在国际组织中，它们通常是地区组织或地区机构的代名词。① 而且，为了使比较的结果更具说服力，本书没有选择欧安组织、美洲国家组织、北约、亚太经合组织等宗旨较为单一的功能性泛区域国际组织。

三是层次分析法。在对各个地区组织网络安全治理路径的分析过程中，通过层次分析，可以进一步了解成员国、次区域组织、非政府组织等行为体参与网络安全治理的互动过程及其与地区组织政策演变的因果关系。

层次分析法是国际关系研究的重要方法，可以帮助研究者辨明变量，并在两个或多个变量之间建立起可供验证的关系假设。在这种假设关系中，层次因素是自变量，也是原因；所要解释的某一行为或国际事件是因变量，也是结果。② 也就是说，层次分析法将影响国家行为或国际事件的各种因素进行分类，以帮助人们确定该如何去寻求国际关系问题的答案。

层次分析法于 20 世纪五六十年代由美国学者创立之后，虽然运用范围不断扩大，但国际关系学界在如何划分层次的问题上长期存在巨大分歧。不过，有分析指出，在这些分歧的背后，所有的层次分析都离不开美国国际关系理论家肯尼思·华尔兹（Kenneth N. Waltz）提出的三个"意象"的层次框架——个人层次、国家层次和国际体系层次。不同的是，有些简化了这三个意象层次，有些则细化了这三个层次。③

近年来，层次分析法正越来越多地被用于包括网络安全在内的全球

---

① 郑先武："区域间治理模式论析"，《世界经济与政治》2014 年第 11 期，第 98—99 页。

② 秦亚青："层次分析法与国际关系研究"，《欧洲》1998 年第 3 期，第 4—6 页。

③ 尚劝余："国际关系层次分析法：起源、流变、内涵和应用"，《国际论坛》2011 年第 4 期，第 51—52 页。

治理各项议题的分析中。在运用该分析法开展"地区组织网络安全治理"的研究时，必须综合考虑网络安全治理和各地区组织的结构性特征。需要指出的是，鉴于各地区组织在历史、文化、成员构成等方面各具特色，其组织结构本身就存在较大差异，因此在具体的案例分析过程中，本书将根据地区组织的结构特征采取不同的层次分类方法。比如，在分析非盟的网络安全治理路径时，采用的是国家、次区域组织、非盟、非政府组织、域外力量的层次框架。之所以将次区域组织也作为一个层次单独列出，主要是考虑到非盟的成立时间较短，在非洲安全领域中最活跃的一直都是次区域组织。由于语言、文化更为接近，次区域组织对预防和处理本区域的冲突更具优势，在非传统安全治理方面也发挥着举足轻重的作用。但在对东盟的网络安全治理路径进行分析时，采用的却是国家、东盟、非政府组织以及域外力量的层次框架，这主要是因为从某种意义上说，东盟本身就是一个次区域组织，无需再列入该层次。

本书除了第一章绪论部分外，还包括以下五个部分：

第一部分，研究框架。主要从概念辨析、相关理论背景、研究路径三个角度着手，厘清与地区组织、网络安全和安全治理相关的概念，阐述与地区安全治理有关的理论范式，进而提出地区组织网络安全治理的研究路径。

第二部分，欧盟网络安全治理实践。同本书选取的另外两个研究对象——东盟和非盟相比，欧盟国家的互联网普及率整体都处于较高水平，这使其更容易暴露在各种网络威胁和风险之中。该部分首先考察了欧盟网络安全的现状，并从网络安全治理模式、传统国际法的适用、数据和网络隐私保护、互联网自由等议题入手，梳理出欧盟的网络安全理念。随后，在多层治理理论的基础上，研究作为地区组织的欧盟同成员国、非国家行为体、域外力量协作应对网络安全问题的路径。最后，在上述研究的基础上，评估欧盟网络安全治理面临的问题和挑战。

第三部分，东盟网络安全治理实践。与欧美"浓墨重彩"地描述网络威胁的严重性不同，东盟及其成员国对网络威胁的"安全化"程度有限。该部分首先阐述了当前东盟在网络空间面临的现实威胁及其如何在观念上建构这些威胁。其次，考虑到东盟本身的结构性特点和网络安全这一议题的特殊性，本书从东盟官方有关网络安全的制度安排、东盟与成员国的合作、域外大国和非国家行为体对东盟网络安全治理的影响四个层面解析东盟网络安全治理的路径。最后，提炼出网络安全治理的东盟方式。

第四部分，非盟网络安全治理实践。受经济不发达的影响，非洲的网络普及水平和技术水平普遍落后于世界其他地区，但在网络安全治理的制度设计方面，非洲并非最落后的大陆。结合非洲多层安全治理体系的特点，本书从非盟的制度安排、非盟与成员国的合作、次区域组织、非政府组织和域外力量对非盟的影响五个层面考察非洲网络安全治理的路径，并在此基础上归纳出非盟网络安全治理的特点。

第五部分，结论。在对上述三个案例进行比较分析的基础上，得出地区组织网络安全治理路径的共性和个性，并分别阐释共性和个性背后的原因，进而判断网络安全对地区安全治理的传统方式是否构成影响，以及构成了何种影响。

网络安全治理的研究在国内刚刚起步，在国外也属于新兴课题。本书的创新首先体现在选题的创新上。本书选取地区组织作为研究视角，比较系统地梳理和分析了以欧盟、东盟和非盟为代表的地区组织在网络安全方面的制度安排，比较全面地考察并评估了这些地区组织在网络安全治理方面的特色及其背后的原因，这在国内尚属较为前沿的研究。另外，通过比较这些地区组织网络安全治理方面的特点，总结出网络安全这一新兴议题给各个地区组织传统安全治理带来的挑战，对于全面理解和把握地区主义也有一定的参考价值。

第二章

地区组织与网络安全治理

　　地区组织的网络安全治理是一个新命题，但知识是具有延续性的，新命题和已有的研究往往具有一定的关联性。地区组织的网络安全治理是地区组织安全治理在网络空间的体现，涉及到的概念包括地区组织、安全治理、网络安全等。为了对本书的核心问题展开清晰的讨论，本章将在第一节中厘清相关概念，为下文的分析划清边界。第二节将阐述地区特征安全治理的特点与理论范式，进而为网络安全治理的研究提供宏观背景支持。最后一节将提出一种分析框架，把地区组织的特征视为影响地区网络安全治理路径的重要因素。地区组织是国际组织的一种形式，也是作为官僚机构建构起来的，这种官僚机构的特征往往能够塑造它们的行为方式。在借鉴国际体系特征定义的基础上，本书对地区组织特征做出界定，并进一步提出地区组织特征将决定组织内外行为体互动过程中形成的关系，这种关系会影响地区组织规则治理的自主性——体现为相关规则的内容和约束力，进而影响地区组织网络安全治理的路径。

第一节　相关术语辨析

地区组织、安全治理和网络安全是本书的关键词。本书从学术界的既有定义入手，对这三大关键词的相关术语加以辨析，并做出取舍。这一方面有助于厘清概念，使读者对本书的研究对象有更具体和清晰的认识；另一方面也可以建立与相关概念已有研究的联系，为本书的研究做好铺垫。

一、地区组织与地区主义

（一）地区组织

尽管现有文献中没有对地区组织的统一定义，学者们对地区组织的特征却已有共识。通常情况下，地区组织被视为国际组织的一个子集，它们位于特定区域，依据正式的政府间协议建立，以多国政府作为成员，关注的问题具有跨领域性，寻求以合作的方式应对共同面临的问题。[1] 冷战结束以前，地区组织的形式较为单一，几乎都是国家主导的机构。而且，地区组织通常以成员国地理位置临近为界定标准，但这一标准越来越受到学界质疑。一方面，各方对划分地区的自然边界从未达成共识；另一方面，域外国家加入地区组织的现象也日益普遍。比如，美国、希腊和土耳其都是北大西洋条约组织的成员，但若单从地理位置的角度考虑，这些国家都不应该加入北约。已经解散的东南亚条约组织

---

[1]　Stacy-Ann Robinson and Daniel Gilfillan, "Regional Organisations and Climate Change Adaptation in Small Island Developing States", *Regional Environmental Change*, Vol. 17, 2017, pp. 989 – 1004.

成立的目的是要保护东南亚国家，牵制亚洲的共产主义力量，但在其八个成员国中，只有泰国和菲律宾位于东南亚。由英国和已经独立的前大英帝国殖民地国家或附属国组成的英联邦也经常被视为地区组织，但该组织的成员国却分布于世界各地。正是因为这些异议的存在，有学者将地区组织界定为，"由三个或更多成员组成，受基于地理、社会、文化、经济或政治联系的共同目标约束，并且拥有建立在正式政府间协议基础上合作框架的非全球性国际组织"。[①]

地区组织可以依据其功能的性质、成员国的范畴或者一体化的程度来划分为不同类别。比较有代表性的是美国学者 A. 勒罗伊·本内特（A. LeRoy Bennett）的划分方式，其将地区组织分为多功能型、联盟型、功能型和联合国下属的地区委员会四种。多功能型地区组织包括欧盟、东盟、美洲国家组织等，其功能、目标和活动的范围具有多样性。联盟型地区组织包括北约、华约等，通常具有军事和政治导向，其成立的宗旨是通过集体行动给成员提供针对外部威胁的防务与安全。功能型地区组织包括经合组织、拉美一体化联盟、欧洲原子能共同体、中美洲共同市场等，旨在推动成员之间的经济、社会、政治合作，与安全因素的关联度较低。联合国地区委员会包括联合国下属的非洲经济委员会、亚太经济社会委员会、欧洲经济委员会、拉丁美洲和加勒比经济委员会、西亚经济社会委员会等，每个地区委员会都是联合国经社理事会的分支机构，其宗旨是帮助提高所在地区的经济水平，强化区域内外国家的经济合作关系，等等。[②]

需要指出的是，即使是同类地区组织，也会在组织结构属性、成员国义务、活动范畴等方面存在差异。比如，欧盟和东盟均为多功能型地

---

① A. LeRoy Bennett, *International Organizations: Principles and Issues*, New Jersey: Simon & Schuster Inc., 1988, p. 350.

② Ibid., pp. 356 – 383.

区组织，但欧盟作为超国家机构，倾向于采取正式协议的方式约束成员国，而东盟则采用松散的、非正式协商的方式开展成员国间合作。基于这些差异的存在，有学者认为，发展中世界的地区组织更倾向于维护主权而非侵蚀主权。①

冷战结束后，地区组织的发展势不可挡。在此期间，地区组织呈现多种形式，既有只包含个别行为体和聚焦单个议题的小型社团，也有应对多项议题的大陆联盟。而且，地区组织也不再只是国家主导的机构，开始包括多种类型的行为体，比如公民社会、私人企业和利益集团等。这些行为体共同参与国际问题的解决，也就是说，地区组织已经成为全球治理的重要支柱，为新兴议题的解决贡献多样解决方案。②

（二）地区主义

地区组织发展的理论来源是地区主义，因此本书虽然考察的是地区组织开展网络安全治理的路径，其背后折射的却是地区主义理论框架下的网络安全治理情况。

地区组织和地区主义的密切联系可以从地区主义的概念中管窥。地区主义或称区域主义（regionalism），是第二次世界大战后兴起的一种区域合作的理论和实践的总称。在国际政治理论中，人们多以国家出面建立正式的组织制度（即地区组织）为基准来定义"地区主义"。如英国学者路易丝·福西特（Louise Fawcett）将地区主义定义为"组建以地区为基础的国家间的集团"。美国学者约瑟夫·奈（Joseph Nye）认

---

① Amitav Acharya and Alastair Ian Johnson, eds., *Crafting Cooperation: Regional International Institutions in Comparative Perspective*, Cambridge: Cambridge University Press, 2007, p. 262.

② Timo Behr and Juha Jokela, "Regionalism and Global Governance: The Emerging Agenda", Notre Europe, 2011, https://institutdelors. eu/wp-content/uploads/2018/01/regionalism_globalgovernance_t. behr-j. jokela_ne july2011_01. pdf.

为，地区主义是"基于地区基础之上的国家间建立联系或形成组织的形式"。① 因此，地区组织是地区主义的载体，为地区主义的发展提供了实践场所和交流平台。尽管二者存在密切联系，本书却选择地区组织而非地区主义作为网络安全治理研究的视角，主要的考虑是，地区组织宗旨清晰且成员明确，而地区主义却常常受困于"地区"概念的界定以及国家归属等问题。

伴随着地区主义的发展，20 世纪 50 年代以来，首先是西欧国家，而后是拉美与亚非等地区的一些发展中国家，先后组成地区性合作组织，建立共同市场和安全合作机制。这些地区组织加强了本地区内国家间的经济和安全等领域的合作，并成为全球化发展进程中的一支重要力量。

关于地区主义的发展阶段，学术界有不同的分类方法。有些学者将地区主义的发展分为两个阶段。② 第一阶段从 20 世纪 40 年代末持续到 70 年代中期，被称为"旧地区主义"。这一时期的地区主义呈现"欧洲中心主义"的特点，即欧洲一体化是地区主义发展模式的"正统"，其他地区也尝试效仿欧洲地区的经验，但多数以失败告终。第二阶段始于 20 世纪 80 年代末，全球化的兴起、冷战的结束、国际贸易谈判结果的不确定性等推动这一时期的地区主义向新的方向发展，呈现多元化的特点，被称作"新地区主义"。自由市场经济理论鼓励各国通过自由贸易协议创造更大的市场，而且离开了冷战的紧张气氛，各国也能够自由开展地区经济、政治、社会、文化等各领域的合作。因此，亚洲、非洲和美洲的地区主义发展成为研究者关注的新焦点，研究内容也不再局限于经济领域，而是广泛涉及人权、民主、外交等政治问题，以及环境、人

---

① Joseph Nye, ed., *International Regionalism*, Boston：Little, Brown & Co., 1968, p. 7. 转引自赵银亮：《聚焦东南亚：制度变迁与对外政策》，江西人民出版社 2008 年版，第 77 页。

② Margaret P. Karns and Karen A. Mingst, *International Organizations：the Politics and Processes of Global Governance*, London：Lynne Rienner Publishers, 2010, pp. 152 – 153.

的健康等发展问题。

也有学者将二战后地区主义的发展划分为四个阶段。[①] 第一阶段从 1945 年至 1965 年。在这一时期，两极对峙状态和冷战的兴起意味着新成立的全球机构无法充分发挥其职能，因而给地区主义的发展提供了动力。超级大国也鼓励地区安全组织和贸易集团的发展，以在这些地区施展它们的权威。这一时期的地区组织可以分为三类。第一类具有多功能属性，它们可以应对经济发展、政治对话和安全合作等多种议题，比如美洲国家组织、阿拉伯国家联盟、非洲统一组织等。第二类地区组织主要是安全和防御属性的组织，多成立于 20 世纪 50 年代初，比如北约、华约、中央条约组织和东南亚条约组织。此类机构后来大多深陷困局，直至最终解体，只有北约等少数组织适应了变化的地缘政治环境，并存留至今。第三类地区组织聚焦经济合作，获得美国的援助，并在美国的安全伞之下发展起来。最典型的例子是欧洲经济共同体，其在推动贸易一体化方面的成功使其成为其他地区效仿的对象。20 世纪 60 年代，类似的地区组织大量涌现，包括拉丁美洲自由贸易协会（LAFTA）等。第二阶段从 1965 年至 1985 年。该阶段地区主义的新颖之处在于，很多地区组织主要是次区域组织，比如东盟、西非国家经济共同体、南部非洲发展共同体、海湾合作委员会等。这些组织主要聚焦经济问题，但也有着清晰的安全动机，均建立在"均势"的逻辑基础上。第三阶段从 1985 年至 2005 年。该阶段在冷战结束后开始，通常被称作"新地区主义"。新地区主义的一个重要特点是，它受到企业、公民社会等力量的推动，更多地体现为一种从下至上的一体化进程。新地区主义的发展推动了地区组织职能的转变。在经济领域，各方关注点超出关税，转向产品标准和市场监管等更深入的一体化。在安全领域，所谓的"软安全"

---

① Timo Behr and Juha Jokela, "Regionalism and Global Governance: The Emerging Agenda", Notre Europe, 2011, pp. 19 – 28.

问题开始受到重视，发展问题和善治问题，也开始被纳入地区组织的议程。第四阶段从 2005 年至今。2005 年之后，世界目睹了冷战后美国霸权的终结。美国干涉主义的失败、全球经济危机的持续和新兴大国的崛起，这些都导致更加多极的国际体系，权力更为广泛地分散到不同的行为体之间，这种新兴的多极世界秩序也给地区主义带来了一些调整。一方面，亚非拉地区大国的兴起推动了新地区组织的创立，比如上合组织、欧亚经济共同体、南美洲国家联盟等。另一方面，地区组织或联合国在应对新兴议题（金融监管或国际恐怖主义）方面的不足也推动了双边国际协调（bilateral international coordination）的复兴。这方面的例子包括将世界最重要国家汇聚到一起的 G20，以及"战略伙伴关系""双边贸易协议"数量的增加等。一些分析人士认为，这可能代表一种更具竞争力的地区主义的兴起，但也有人认为，这些新发展是否意味着一种与"新地区主义"截然不同的地区一体化的出现，依然有待考察。

二、国际安全与安全治理

本书讨论的是地区组织的网络安全治理情况。在对网络安全展开讨论之前，有必要先对国际关系中"安全"和"安全治理"的概念进行阐释。

（一）国际关系中的安全问题

安全问题是一个古老而又常新的课题。在第二次世界大战之前，安全的内容较为狭隘，主要强调战争、军事、战略等因素。第二次世界大战后，安全从早期的重视军事与战略转向了重视民用事业，核武器也占据了独特的战略地位。不过，尽管在第二次世界大战后安全概念显现新的特征，但直到冷战末期，安全仍被限于以军事—政治为主题，未能拓展更为宽泛的内涵。①

在冷战结束后的 20 世纪 90 年代，安全的概念有所扩大。全球治理国际委员会 1995 年的报告建议，全球安全的概念必须得到拓展，从传统意义上的国家安全扩展到人的安全和整个地球的安全。传统的安全概念下，威胁的来源是敌对国家，威胁的性质和应对措施都是军事层面的，国家是负责提供安全公共产品的主体，核心价值观是国家独立、领土完整等。而在冷战后的全面安全概念下，威胁可能来自境内，也可能来自境外，威胁的性质和应对措施都是非军事性的，国际机构和多边干预是提供安全公共产品的主体和方式，核心价值观是人的权利和需要、经济繁荣和环境保护。②

在学术界，安全研究领域也被重新定义，传染病、走私非法毒品、贩卖人口、环境保护等都被视为具有安全含义并需要迫切关注的问题。这些非军事领域的安全问题被归类为非传统安全（NTS）挑战。这些新型安全挑战给国际安全研究也带来了演化的动力。虽然大量的安全研究文献仍然属于冷战时期占主导的结构主义研究，但少量文献开始对强调物质能力和国家中心假设的观点提出挑战，并转向研究观念与文化的重要性。这一时期的国际安全研究派生出很多新的流派，比如哥本哈根学派、后结构主义和建构主义安全研究③等。

---

① ［英］巴里·布赞、［丹麦］琳娜·汉森著，余潇枫译：《国际安全研究的演化》，浙江大学出版社 2011 年版，第 1—3 页。

② Benjamin Miller, "The Concept of Security: Should it be Redefined?", *Journal of Strategic Studies*, 24: 2, 2001, pp. 16 – 23.

③ 也有学者认为，建构主义安全观念可以分为欧洲学派（以巴里·布赞和奥利·维夫为代表的"哥本哈根学派"）和美国学派（领军人物包括亚历山大·温特和彼得·卡赞斯坦）。参见朱宁：《译者序——安全与非安全化：哥本哈根学派安全研究》，［英］巴里·布赞、［丹麦］奥利·维夫、［丹麦］迪·怀尔德著，朱宁译：《新安全论》，浙江人民出版社 2003 年版，第 32 页。

（二）国际安全治理

安全问题是个古老的课题，安全治理却是国际关系学科的新概念。后者提供了分析安全领域政策制定和政策执行的框架，反映了管理国际安全问题的权威日益碎片化的现象——虽然国家依然是国际政治舞台的最基本单元，权力却已被分散到国际组织和私人行为体。安全治理概念的兴起与冷战后全球化、跨国界威胁以及自由世界主义（liberal cosmopolitanism）等议题在学术界的流行有关。[①] 西方学者认为，以国家为中心、聚焦军事议题的传统安全研究已经很难充分解释新的国际安全现实，各种跨国界威胁给传统的、由主权国家提供安全公共产品的方式提出了挑战。

在此背景下，西方学者将"治理"[②] 概念引入安全分析，安全治理概念由此产生。最早进行这一努力的学者是埃尔克·克拉曼（Elke Krahmann），他将安全治理应用于跨大西洋地区，用以解释冷战后跨大西洋地区安全从"统治"到"治理"的转型。克拉曼指出，面对日益复杂和难以预测的新安全威胁，要从个人、次国家、国家、地区乃至全球的多层面、多角度来处理安全问题。克拉曼还最早对安全治理的概念做出界定——所谓安全治理，是指在缺少中央权威的情况下，通过相互关联的政策决策及其实施形成的结构与进程，在这一结

---

① Hans-Georg Ehrhart, Hendrik Hegemann & Martin Kahl, "Towards Security Governance as A Critical Tool: A Conceptual Outline", *European Security*, 23：2, 2014, pp. 145 – 148.

② "与统治相比，治理是一种内涵更为丰富的现象。它既包括政府机制，同时也包含非正式、非政府的机制，随着治理范围的扩大，各色人等和各类组织得以借助这些机制满足各自的需要、并实现各自的愿望。"见［美］詹姆斯·N. 罗西瑙主编，张胜军、刘小林等译：《没有政府的治理：世界政治中的秩序与变革》，江西人民出版社 2001 年版，第 5 页。

构与进程中公共与私人行为体能够协调它们相互依赖的需求与利益。①在克拉曼之后，英国埃塞克斯大学教授埃米尔·柯克纳（Emil Kirchner）等人对安全治理的概念又做了进一步的阐释。他认为，安全治理是一套规则体系，它既涉及多个独立权威机构的协调、管理和监管活动，也包括公私行为体的干预、各种正式和非正式的制度安排、解决冲突的共同目标等。柯克纳认为，协调、管理和监管是安全治理的三大组成部分，也是开展实证分析的三大工具。其中，协调与行为体之间互动的方式有关，管理与风险评估、监控、磋商、调解以及资源配置有关，而监管则被视为政策结果，包括它的理想目标、实际影响和机构设置等。②

学术界有关国际安全治理的研究可以分为四个发展阶段：第一阶段和第二阶段主要围绕概念及相关的争论展开；第三阶段的研究侧重于安全治理在欧洲安全政策中的应用；第四阶段的研究将这一概念适用于欧洲之外的地区和全球层面。③尽管安全治理的研究已经取得了很大进展，但问题的存在也不可否认，这主要是因为第一阶段的研究仍有尚待完善之处——对安全治理这一概念的解释在清晰性、准确性方面存在不足。有学者提出，当前的安全治理研究过于关注行为体，往往忽略了结构问题，对行为体如何开展治理行为及其背后的原因缺乏相应的研究。④

---

① Elke Krahmann, "Conceptualizing Security Governance", *Cooperation and Conflict*, 38：1, 2003, pp. 5 - 26. 转引自王学军："非洲多层安全治理论析"，《国际论坛》2011 年第 1 期，第 8—9 页。

② Emil J. Kirchner, "EU Security Governance in a Wider Europe", in P. Foradori, P. Rosa and R. Scartezzini, eds., *Managing a Multilevel Foreign Policy*, Lanham：Lexington Books, 2007, p. 24.

③ James Sperling and Mark Webber, "Security Governance in Europe：A Return to System", *European Security*, 23：2, 2014, p. 126.

④ Ibid., p. 126.

三、网络安全与相关概念

与网络安全相关的概念可分为两类：一类是以"安全"为词根的概念，如网络安全、信息安全、信息通讯技术安全、互联网安全；另一类是以"网络"为前缀的概念，如网络犯罪、网络战、网络间谍等。在辨析上述概念的基础上，本书将给出对网络安全内涵的理解，也就是本书所考察的网络安全治理的核心指标。

（一）以"安全"为词根的相关概念

国际社会对网络安全（cyber security）、信息安全（information security）、网络空间安全（security in cyberspace）、信息通讯技术安全（ICT security）、互联网安全（internet security）等概念没有统一的界定，有时还会交替或并行使用这些概念。① 总体而言，这些概念既有互相重合的部分，也有各自独特的部分。其中，信息安全和网络安全是最核心、使用最频繁的两个概念，而且近些年随着欧美国家网络安全战略的相继推出，网络安全正成为国际社会日渐统一化的概念，这将为该领域全球性安全框架的达成扫清障碍。

国内学者曾对信息安全、网络安全、网络空间安全之间的关系做过专门研究。② 据介绍，信息安全的概念从20世纪50年代开始出现在科技文献中，90年代陆续出现在各国和地区的政策报告中。随着互联网在全世界的普及与应用，人们已很难直接用信息安全一词来准确描述网络安全和网络空间安全的新进展和新特征。因此，20世纪90年代被广

① 如2003年12月在日内瓦召开的联合国信息社会世界峰会首次就信息社会问题进行了讨论。会议讨论通过的"日内瓦行动计划"中，多处并行使用了"信息安全"与"网络安全"两个概念。
② 王世伟："论信息安全、网络安全、网络空间安全"，《中国图书馆学报》2015年第3期，第73—79页。

泛使用的信息安全一词，在进入 21 世纪的十多年中，已逐步与网络安全和网络空间安全并用。尤其是在欧美等发达国家的文献中，网络安全与网络空间安全的使用频度不断增加，[①] 甚至有取代信息安全之势。相比之下，中国对网络安全和网络空间安全的认知略有差异。[②]

就概念本身而言，信息安全可以泛称为各类与信息有关的安全问题；网络安全可以指称网络所带来的各类安全问题；网络空间安全则特指与陆域、海域、空域、太空并列的全球五大空间中的网络空间安全问题，具有军事性质。比如，美国国防部 2011 年 7 月发布的《网络空间行动战略》中，明确将网络空间与陆、海、空、太空并列为五大行动领域，将网络空间列为作战区域。

北约学者编撰的研究报告曾对信息安全、信息通讯技术安全、互联网安全、网络安全的概念做出辨析。[③] 报告指出，信息安全聚焦数据安全，不管这些数据是以电子版、印刷版还是其他形式存在。信息通讯技术安全指的是储存在计算机系统内的信息安全，它既包括那些储存在联网的计算机系统内的信息安全，也包括那些储存在不联网的计算机系统内的信息安全。同时，信息通讯技术安全偏重的是技术层面的安全，通常不涉及非法内容的问题，除非这些内容会给计算机系统造成损害。互联网安全指的是与互联网相关的服务、信息通讯技术系统和网络的安全，不包括那些不联网的关键基础设施的安全。网络安全的概念在

---

① 与网络空间安全相比，网络安全一词的使用频率更高。自美国政府 2008 年发布《国家网络安全综合计划》之后，英国、澳大利亚、加拿大、德国、印度、韩国、捷克、爱沙尼亚、荷兰、新西兰、南非等国都发布了网络安全战略或计划。

② 2012 年 6 月，中华人民共和国国务院发布"关于大力推进信息化发展和切实保障信息安全的若干意见"，文件名中仍用信息安全表述，但文件正文中已多次采用网络与信息安全的概念。2012 年 11 月，中国共产党举行第十八次全国代表大会并发表大会报告，报告正文中并用了信息安全、网络空间安全等概念。2014 年 2 月，中共中央网络安全和信息化领导小组举行第一次会议，机构名中将网络安全与信息化并列。

③ Alexander Klimburg, ed., *National Cyber Security Framework Manual*, Tauinn: NATO CCD-COE Publication, 2012, pp. 9 – 13.

2000 年爆发的千禧虫危机事件①后才被各方广泛接受，其内涵超出了信息安全和信息通讯技术安全。目前，很多国家都在各自的国家网络安全战略文件中界定了网络安全的概念，国际电信联盟等国际组织也对网络安全给出了定义，这些定义并不完全一致，但共同之处在于，它们几乎都包含对计算机数据和系统的机密性、完整性和可使用性的保护。

举例来说，英国的网络安全战略指出，网络安全不仅意味着要在网络空间保护英国的利益，也意味着要利用网络空间提供的众多机会追求更广泛的英国安全政策。②欧盟认为，网络安全通常指的是那些能保护其相互依存的网络和信息基础设施免受威胁的保障和行动；网络安全旨在确保网络和基础设施的可使用性和完整性，以及其中包含的信息的机密性。③澳大利亚对网络安全的定义是，与通过电子或类似手段被处理、储存和交流的信息的机密性、完整性和可使用性有关的措施。④与上述国家或地区不同的是，尽管美国曾通过多个网络安全方面的国家战略，⑤但它们没有明确给出网络安全的定义，只是含糊地借助其政策目标来表明其在网络安全方面的态度和立场。2018 年 9 月发布的《美国

---

① 根据百度百科的解释，千禧虫危机是指在某些使用了计算机程序的智能系统中，由于其中的年份只使用两位十进制数来表示，因此当系统进行跨世纪的日期处理运算时，就会出现错误的结果，进而引发各种各样的系统功能紊乱甚至崩溃。

② "Cybersecurity Strategy of the United Kingdom: Safety, Security and Resilience in Cyber Space", June 2009, p. 9, https://assets.publishing.service.gov.uk/government/uploads/system/uploads/attachment_data/file/228841/7642.pdf.

③ "Cybersecurity Strategy of the European Union: An Open, Safe and Secure Cyberspace", 2013, p. 3, https://ec.europa.eu/home-affairs/sites/homeaffairs/files/e-library/documents/policies/organized-crime-and-human-trafficking/cybercrime/docs/join_2013_1_en.pdf.

④ Australian Attorney-General's Department, "Cyber Security Strategy", 2009, p. 5, http://www.ag.gov.au/RightsAndProtections/CyberSecurity/Documents/AG%20Cyber%20Security%20Strategy%20-%20for%20website.pdf.

⑤ 美国政府和军方从保护关键基础设施着手，很早就将网络安全战略纳入国家安全战略框架（2000 年），制定了《网络空间安全国家战略》（2003 年）、《网络空间国际战略》（2011年）和《网络空间行动战略》（2011 年）。

国家网络战略》阐述了美国网络安全的四大支柱及其相应目标：保护美国人民、国土及美国人的生活方式，主要目标是管控网络安全风险，提升国家信息与信息系统的安全与灵活性；促进美国的繁荣，主要目标是维护美国在技术生态系统中的影响力，将网络空间的发展作为经济增长、创新和效率的开放引擎；以实力求和平，主要目标是识别、反击、破坏、降级和制止网络空间中破坏稳定和违背国家利益的行为，同时保持美国在网络空间中的优势；扩大美国影响力，主要目标是保持互联网的长期开放性、互操作性、安全性和可靠性。① 国际电信联盟给网络安全做出的定义较为宽泛，即"能被用来保护网络环境、组织和用户资产的工具、政策、安全概念、安全保障、指导原则、风险管理方法、行动、培训、最佳实践、担保和技术等。组织和用户资产包括互联互通的计算机设备、人员、基础设施、应用、服务、通讯系统和在网络环境中被传送和/或被储存的信息。网络安全努力确保组织和用户资产的安全，避免网络环境下相关的安全风险。总体安全目标包括可使用性、完整性和机密性"。②

综上所述，随着网络安全一词在国际关系理论研究和实践中使用频率的日渐增加，本书将以网络安全作为主要的研究对象。而且，鉴于本书将比较研究地区组织在网络安全治理方面的异同，而这些对网络安全又有着不同的建构与理解，因此在以下各相关章节中，将分别介绍它们对网络安全的定义。

（二）以"网络"为前缀的相关术语

在国际关系研究领域，以"网络"为前缀的术语除了网络安全

---

① The White House, "National Cyber Strategy of the United States of America", September 2018, https://www.whitehouse.gov/wp-content/uploads/2018/09/National-Cyber-Strategy.pdf.

② ITU, "Recommendation ITU-TX.1205", April/2008, http://www.itu.int/en/ITU-T/studygroups/com17/Pages/cybersecurity.aspx.

外，还包括网络犯罪、网络战争、网络恐怖主义和网络间谍等。厘清和掌握它们之间的相互关系，不仅有助于正确把握网络安全的内涵和外延，而且对于比较各地区组织网络安全治理侧重点的异同大有裨益。

1. 网络犯罪、网络战争、网络恐怖主义和网络间谍

网络犯罪的概念有狭义和广义之分。狭义的概念是指针对计算机数据和系统的犯罪行为，广义的概念是指涉及计算机系统的任何犯罪行为。前者的限定有些过于严格，将那些原本在实体世界就存在，但因借助计算机而具备不同性质和冲击力的犯罪行为排除在外，比如在线上开展的儿童色情、欺诈或者破坏知识产权的行为。

网络战争是一个含糊不清且充满争议的术语，没有被各方普遍接受。尽管官方文件中几乎没有使用过网络战争（cyber warfare）的字眼，但与其相近的术语——信息战争（information warfare）和信息作战（information operation）却经常出现。截至2012年，30多个国家已经公布了与网络战争有关的条例，多数使用的都是信息战争和信息作战的术语。[①] 资料显示，信息战争一词是已故的托马斯·罗纳（Thomas Rona）博士于1976年最早提出的，自此很多定义都强调其军事角度，但实际上信息战争已经扩展到非军事领域。[②] 1993年，美国兰德公司的阿尔奎拉和伦费尔特发表了题为《网络战要来了》的文章，[③] 首次正式提出"网络战"的概念，认为网络战是"为干扰、破坏敌方网络信息系统，并保证己方网络信息系统的正常运行而采取的一系列

① Alexander Klimburg, ed. , *National Cyber Security Framework Manual*, p. 19.

② Kenneth J. Knapp and William R. Boulton, "Ten Information Warfare Trends", in Lech J. Janczewski and Andrew M. Colarik, eds. , *Cyber Warfare and Cyber Terrorism*, Hershey: Information Science Reference, p. 18.

③ John Arquilla and David Ronfeldt, "Cyberwar is Coming!", *Comparative Strategy*, 12: 2, Spring 1993, pp. 141 – 165.

网络攻防行动"。对于网络战争是否已经爆发,学术界并未达成共识。①

网络恐怖主义的概念是美国加州情报与安全研究所资深研究员巴里·科林(Barry Collin)在 1997 年首先提出的,其认为它是"网络与恐怖主义相结合的产物"。② 美国联邦调查局专家马克·波利特(Mark M. Pollitt)将网络恐怖主义定义为"有预谋的、有政治动机的针对信息及计算机系统、程序和数据的攻击活动,它是由次国家集团或秘密组织发动的打击非军事目标的暴力活动"。③ 尽管目前还没有网络恐怖主义的案例,但很多学者认为,恐怖分子已经在利用互联网开展攻击行动。④ 网络恐怖主义和网络战争的区别在于:前者是在不区分对象的情况下引发恐惧和造成伤害;后者是有精准对象的行为。⑤

网络间谍是政府或非国家行为体在没有得到授权的情况下借助互联网收集不向公众开放的受保护信息的行为。⑥ 从字面上看,这种间谍行为并没有对这些"受保护信息"做进一步的区分。但美国政府认为,只有出于经济目的、借助互联网开展的间谍行为才算是网络间谍活动,并借此指责中国等发展中国家通过网络间谍活动窃取了美国的大量商业

---

① 滕建群、徐龙第:《网络战备、军控与美国》,中国国际问题研究所研究报告,2014 年 6 月第 3 期,第 5 页。

② Barry Collin, "The Future of Cyberterrorism", *Crime and Justice International*, March 1997, pp. 15 – 18.

③ Mark M. Pollitt, "Cyberterrorism: Fact or Fancy?", Computer Fraud & Security, February 1998, pp. 8 – 10.

④ Emerald M. Archer, "Crossing the Rubicon: Understanding Cyber Terrorism in the European Context", *The European Legacy: Toward New Paradigms*, 19: 5, 2014, pp. 606 – 621.

⑤ Lech J. Janczewski and Andrew M. Colarik, eds., *Cyber Warfare and Cyber Terrorism*, New York: Information Science Reference, 2008.

⑥ Richard A. Clarke, "Securing Cyberspace through International Norms", p. 5, http://www.goodharbor.net/media/pdfs/SecuringCyberspace_web.pdf.

机密；而出于政治和军事目的借助互联网开展的间谍行为（比如在互联网上针对伊朗核设施状况开展的间谍行动）不算是网络间谍活动，因为这是为了捍卫国家安全。[①]

上述概念之间的界线并不明晰，有些行为可以归于不止一个概念的范畴之内。比如，窃取商业知识产权的情报、窃取有着重要经济价值的数据，这些在很多国家都被首先视为网络犯罪行为，然后才会考虑是否是网络间谍行为。[②] 网络战、网络犯罪和网络恐怖主义三者的表现形式是很相似的，区分它们的重要标准是网络攻击者的动机。举例来说，如果一个网络攻击者进入了医院的医疗数据库，并且更改了一位财富100强企业高管的药物治疗方案，最后导致该病人死亡，这种行为属于上述概念中的哪一类呢？如果这是由攻击者和该病人之间交恶导致的，那么它就属于网络犯罪行为；如果攻击者和病人之间并无交集，前者在自己的某种要求未满足的情况下，还打算继续采用这种网络攻击的方式致人死亡，那么它就属于网络恐怖主义行为；如果上述活动是由外国政府的代理人开展的，那么它就属于网络战争行为。[③]

2. 网络安全与网络犯罪等概念之间的关系

学术界对网络安全的概念有着不同的理解，这使得网络安全和网络犯罪、网络战、网络间谍等之间的关系变得错综复杂起来。具体而言，若是从广义的角度理解网络安全，那么网络安全就包括了网络犯罪、网络间谍、网络战争等若干形式；若是从狭义的角度理解网络安全，那么网络安全和后面几种形式就是平行并存的关系。

---

① Shashank Bengali and Ken Dilanian, "Obama to Press Xi on Cyber Attacks", *The Los Angeles Times*, June 6, 2013, http: //articles. latimes. com/2013/jun/06/world/la-fg-china-cyberhack - 20130606.

② Alexander Klimburg, ed. , *National Cyber Security Framework Manual*, p. 16.

③ Lech J. Janczewski and Andrew M. Colarik, eds. , *Cyber Warfare and Cyber Terrorism*, New York: Information Science Reference (an imprint of IGI Global), 2008, p. xiv.

赞成第一种方法的学者包括曾在美国国家安全委员会任职的理查德·克拉克（Richard A. Clarke）。他在论述网络安全领域可能生成的国际规范时提出，网络安全方面的规范可以分为六大议题——互联网治理、互联网自由、在线隐私、网络间谍、网络犯罪和网络战。[①] 美国网络问题专家蒂姆·毛瑞尔（Tim Maurer）的分类更为简单。他在研究联合国这一组织平台上网络规范的生成时指出，有关网络安全的规范磋商进程可以分为两大主流：聚焦网络战的政治军事主流和聚焦网络犯罪的经济主流。[②] 这种广义的理解方式也体现在澳大利亚、加拿大、法国、德国、印度或荷兰等国家已经推出的网络安全战略中，这些战略中包含与网络犯罪等有关的内容。[③]

但也有一些政策文件和学术文章采用狭义的网络安全概念。比如，英国和新西兰是少数几个在网络安全战略之外还专门通过网络犯罪战略的国家。以英国为例，该国内政部 2010 年 3 月提交给议会的"网络犯罪战略"虽然建立在英国网络安全战略的基础之上，但其内容更加专注于那些使用新技术的新型犯罪形式，比如侵犯计算机数据和系统安全的犯罪、使用新科技让传统犯罪具备新属性的犯罪形式等。一些研究人员也认为，网络安全（包括保护关键信息基础设施）是涉及国家利益的问题，这就容易造成网络安全措施偏离刑法领域，进入国家安全领域；网络安全和网络犯罪是相互关联但存在差异的概念，因此相关的战略也存在差异。网络安全战略聚焦的是风险和脆弱性分析、预警和反应、信息分享、建立计算机应急反应小组、推动国际合作等技术、程序和制度

---

① Richard A. Clarke, "Securing Cyberspace through International Norms", pp. 11 – 20, http://www. goodharbor. net/media/pdfs/SecuringCyberspace_web. pdf.

② Tim Maurer, "Cyber Norm Emergence at the United Nations – An Analysis of the UN's Activities Regarding Cyber-security?", Discussion Paper 2011 – 11, Cambridge, Mass. : Belfer Center for Science and International Affairs, Harvard Kennedy School, September 2011.

③ "Cybercrime Strategies", Discussion Paper, prepared by Global Project on Cybercrime, October 2011, p. 9.

问题，针对网络犯罪的刑法或其他措施通常不是网络安全战略的首要关切，有些国家的网络安全战略只是泛泛提到甚至没有提到网络犯罪，有些国家的网络安全战略则专门将网络犯罪排除在网络安全战略的范畴之外。因此，各国政府有必要在推进网络安全的同时防范和打击网络犯罪，有两种选择：政府可以在网络安全战略之外制定专门的网络犯罪战略；政府也可以在网络安全战略中增加与网络犯罪有关的内容，但是这就要求重新考虑和拓宽网络安全的概念，以包括刑事司法的目标和原则。[①]

（三）本书对网络安全概念的理解

网络安全的内涵丰富，各方观点各异。在西方学者的眼中，网络安全是保护国家安全的必要手段，他们讨论的内容通常包括对计算机和通讯技术的军事应用、情报数据的保护以及关键基础设施的保护等。但是，这些往往是只有发达国家才有资格讨论的内容，对于很多发展中国家而言，网络安全只是保障本国数字经济繁荣和发展的一种手段。对于那些互联网普及率较低的国家而言，网络安全还与保障人权有关，比如借助互联网让偏僻地区的民众也能享受较高的医疗服务等。因此，网络安全是一种跨领域的安全，它是国家安全、经济安全和人的安全在网络空间的体现。

科学方法强调，研究假设必须接受经验检验。但在社会科学领域，研究假设通常是对抽象概念的属性或相互关系的陈述。所以，要对这些假设进行检验，必须首先使相关概念具体化，即具体到与可观察的现象或行为联系起来，使抽象的概念具备可操作性和可测量性。[②] 为使网络

---

① "Cybercrime Strategies", Discussion Paper, prepared by Global Project on Cybercrime, 14 October 2011, pp. 6 – 11.

② 阎学通、孙学峰著：《国际关系研究实用方法》，人民出版社 2007 年版，第 86—87 页。

安全的概念更具可操作性，本书选取网络犯罪、网络战争（防御）、数据和隐私保护作为考察各地区组织网络安全治理路径的核心指标。以三者为核心指标，实际上也是为了系统考量地区组织在国家安全、经济安全和人的安全这三大领域的网络安全治理情况。根据它们各自的特点，网络犯罪可归类于经济安全领域，网络战争可归类于国家安全领域，数据和隐私保护可归类于人的安全领域。

图2—1　地区组织网络安全治理路径的核心指标

资料来源：作者自制。

第二节　地区安全治理的特点与理论范式

地区组织网络安全治理是地区安全治理在网络空间的延伸，二者存在个性与共性的关系。本书的意义就在于探寻地区安全治理在网络安全这一特定议题领域的特殊性和一般性。在开展对这一具体领域的研究之前，有必要梳理地区安全治理的特点和已有的理论范式，从而为下一步的研究做好铺垫。

一、地区安全治理的特点

地区主义兴起的后果之一就是地区安全的构建。冷战时期，北约和华约是两个最大的地区安全组织，它们对维护本地区的和平与稳定发挥了重要作用。冷战结束之后，国际战略格局发生了结构性变化，过去在两极对峙下掩盖的地区矛盾和一些非传统安全问题开始凸显，以维护地区安全稳定为目的的多边安全合作机制与地区共同体纷纷活跃起来。地区安全合作逐步深入，特别是在信息、能源、金融、环境等非传统安全领域的合作不断增加。这些表明，一些国家的确将安全问题视为地区现象，它们相信地区内的共性有助于开展合作，安全挑战只有在地区层面才易于处理。①

地区安全治理是单个国家和联合国在提供全球安全公共产品方面均存在不足的情况下产生的。与全球安全相比较，地区安全更易于构建。这是因为，同一地区内的行为体因为地理位置临近，往往面临类似问题，具有互动的文化、相似的传统和共同的经验。而且，与国家安全相比较，地区安全更有助于推动全球安全的实现。地区化的发展可以为解决全球性问题、采取全球性行动集结更多的资源和更大的力量。② 而且，地区组织在应对区域内外冲突方面具备一些比较优势。首先，地区组织的成员国具备相似的文化背景，这使得地区组织更有可能提出有助于冲突解决的方案。其次，时间和效率在危机环境下显得尤为重要，地区组织能够提供更为及时的应对方案，这一点与联合国等需要繁文缛节的全球组织相比显得更为突出。最后，地区组织的成员国在维护地区稳

① Emil J. Kirchner and James Sperling, eds. , *Global Security Governance*: *Competing Perceptions of Security in the 21st Century*, London: Routledge, 2007, p. 264.

② 潘忠岐：“东亚地区安全的构建——兼论欧洲地区主义经验的适用与不适用”，载《多边治理与国际秩序》，上海人民出版社 2006 年版，第 129—131 页。

定方面既有合法性，也有利益攸关性，因为它们是地区冲突最直接的冲击对象。

地区安全治理以地区组织作为平台和载体。地区组织本来就是同一区域内的国家为了更好地治理各类问题而设立的。在很多情况下，地区组织的创立与经济问题相关，但有时还与安全等公共产品的治理相关。影响地区组织安全治理情况的因素通常包括两个方面：其一是成员国的国内因素，比如它们的文化特征会影响地区组织的目标和原则，进而影响该地区组织对威胁的认知；其二是地区组织的制度设计，它不仅会影响该组织的协调、管理和监管机制，也与地区组织相对于成员国的独立性直接相关。① 学术界较为关注地区组织的制度设计，特别强调地区组织的独立性或自主性。有学者指出，地区组织的独立性很大程度上决定了其权威性和影响力，他们将地区组织的独立性定义为——能够以免受其他政治行为体（特别是国家）影响的方式运作的能力。② 另有学者认为，包括地区组织在内的国际组织并不只是一些规则或者结构——其他行为体据以行事的规则或者结构——的被动集合，相反，它们是全球变化的积极施动者；国际组织能够独立于那些创立它们的国家，这是因为它们具有四种不同类型的权威——理性—合法的、授予性的、道义性的和专家的，这些都通过不同的方式使得国际组织具有权威性。③

地区组织在安全治理方面可以发挥的作用主要取决于三大因素：推进和平与安全的意愿、在区域内外被接受的程度、调动内部资源的能

① Emil J. Kirchner and Roberto Dominguez, *The Security Governance of Regional Organizations*, New York: Routledge, 2011, pp. 11 – 15.

② Yoram Z. Haftel and Alexander Thompson, "The Independence of International Organizations: Concept and Applications", *Journal of Conflict Resolution*, Vol. 50, 2006, p. 253.

③ ［美］迈克尔·巴尼特、［美］玛莎·芬尼莫尔著，薄燕译：《为世界定规则：全球政治中的国际组织》，上海人民出版社 2009 年版，第 35、228 页。

力。概括起来讲，就是其意愿性、合法性和能力水平。[①] 具体而言，并非所有的地区组织都愿意在推进和平与安全方面采取行动，地区组织在安全治理方面的参与意愿受到地区官方文件授权、成员国强势领导人的积极倡导等因素的影响。地区组织在安全治理方面的合法性取决于它和联合国的合作水平、联合国在某些行动中对地区组织的依赖程度以及联合国安理会常任理事国对地区组织角色的接受程度等。地区组织在安全治理方面的能力水平主要涉及其资金能力、机制框架以及部署军队的能力等。

从地区组织安全治理的实践来看，各个地区的安全治理进程是独特和难以复制的，地区组织应当根据它们面临的挑战和所处的环境来寻求其独特的治理方式，地区组织在开展安全治理时面临的主要挑战是如何有效应对安全威胁和如何推动成员国跨国界开展合作。对于欧洲之外的地区组织而言，这种跨越国界开展合作的难度似乎更大。亚洲、非洲和拉丁美洲的地区组织虽然也强调集体防御的重要性，但受到历史因素影响，不干涉内政和民族自决原则往往会对其成员国产生更大的影响，从而使其集体防御的进程受阻。[②]

二、有关地区安全治理的理论范式

二战结束后，学者们就围绕安全共同体的概念开展研究，探索该类型的共同体会在哪些地区形成以及如何形成。但哥本哈根学派的代表人物巴里·布赞和奥利·维夫认为，在他们提出"地区安全复合体理论"（Regional Security Complex Theory，RSCT）之前，地区安全研究是在没

---

① Stephen Kingah and Luk Van Langenhove, "Determinants of a Regional Organization's Role in Peace and Security: the African Union and the European Union Compared", *South African Journal of International Affairs*, 19: 2, 2012, pp. 201 – 222.

② Emil J. Kirchner and Roberto Dominguez, *The Security Governance of Regional Organizations*, p. 327.

有严密理论框架的情况下进行的——理论界存在一些关于地区安全的分类、排列和编组，但是可以称之为理论的几乎没有。布赞和维夫曾自信地表示，"事实上，对于地区研究来说，地区安全复合体理论可能是现有唯一的地区安全理论"。[①] 地区安全复合体理论的贡献之一是弥合了体系理论家和地区研究专家之间的鸿沟，创建了一个开放和抽象的框架，可以对不同地区进行意义深远的区分。但是，该理论对地区安全问题的研究方式却不太符合"治理"的概念，也就是说，未能从相互依存的行为体之间开展互动的角度对地区安全问题做进一步探讨。

近些年，随着全球治理、安全治理等概念在国际关系学界的兴起，地区安全治理也开始引起研究人员的关注。在 21 世纪前十年，一些学者开始研究欧盟的安全治理情况，但研究的重点往往集中在"安全治理"而非"地区"上，也就是说，对于地区组织特性对安全治理的影响缺乏进一步的研究。这种状况在 2010 年之后开始有所改观，以地区安全治理为主题的研究成果陆续开始出现，显示出学界对这一问题的重视程度已经显著提高。

（一）安全区域主义理论

从 20 世纪 90 年代末开始，安全区域主义（security regionalism）的概念开始在国际关系学界盛行。根据比约恩·赫特纳的定义，安全区域主义是指"在特定地理范围内——一个建设中的区域，将包含国家之间和国家内部冲突关系的安全复合体转变为包含对外合作关系和内部和平的安全共同体的努力"。[②]

安全区域主义的代表人物有戴维·莱克（David A. Lake）、帕特里

---

① ［英］巴里·布赞、［丹麦］奥利·维夫著，潘忠岐、孙霞、胡勇、郑力译：《地区安全复合体与国际安全结构》，上海世纪出版集团 2009 年版，第 82 页。

② 郑先武："安全区域主义：建构主义者解析"，《国际论坛》2004 年第 4 期，第 44 页。

克·摩根（Patrick M. Morgan）、穆哈米德·阿约伯（Mohammed Ayoob）、克雷格·斯奈德（Craig Snyder）、阿米塔夫·阿查亚（Amitav Acharya）和比约恩·赫特纳（Björn Hettne）等人。他们分别从各自的分析视角对安全区域主义所涉及的发展模式开展研究。现实主义者关注传统的军事安全和国家主导的均势、霸权、协调和联盟等安全秩序模式；自由主义者强调经济相互依存、民主、自由、制度的作用，更强调国际组织等正式的安全制度；建构主义者注重规范、认同、信任和制度等主体间因素和社会力量的作用以及国家之间的安全合作关系。[①]

其中，赫特纳提出的新区域主义方法（New Regionalism Approach）指出，新区域主义必须用全球的观点去理解，即互动的全球—区域—国家—地方层次不能分开分析。区域化被认为是同时发生在多个层次的变化过程。这些层次主要包括：作为整体的世界体系结构（即全球层次）、区域间关系的层次和单个区域的内部形式（含区域、民族、次国家的和跨国家的微区域等）。[②] 安全区域主义是将区域主义和安全问题研究相结合的有益尝试，为之后的地区安全复合体理论的兴起奠定了重要基础。

（二）地区安全复合体理论

2003 年，布赞和维夫共同出版了《地区安全复合体与国际安全结构》一书，提出了地区安全复合体理论的分析框架，并将这一理论应用于经验分析，引起了国内外学术界的兴趣。布赞和维夫提出地区安全复合体这个概念，目的之一是把地区层次提升到国际安全分析的恰当层次。他们认为，地区层次并不必然是最重要的层次，但地区层次一向是

---

① 郑先武："安全区域主义：一种批判 IPE 分析视角"，《欧洲研究》2005 年第 2 期，第 29—30 页。

② 同上，第 30 页。

重要的。以往的研究过于重视国家层次和全球层次，但地区层次是国家安全和全球安全两个极端之间彼此交汇的地方，也是大多数行动发生的地方。①

在研究方法上，布赞和维夫赞同莱克和摩根的观点——只有比较方法才是研究地区安全的正确之道。这是因为，只有用比较的研究方法，才能既说各个地区是不同的，又能说对各个地区进行一般理论概括是可能的。② 此前，一些地区研究专家否认或忽视比较框架的重要性，造成的后果是，安全的地区层次既没有得到足够的理论研究，也没有作为全球政治网络中的一个独特要素予以充分考虑。

地区安全复合体与普遍意义上对地区的理解可能一致，也可能不一致，它是一种非常具体的、在功能意义上界定的地区类型。③ 根据这种建构方法，布赞和维夫将全球划分为亚洲、美洲、中东和非洲、欧洲四个安全地区。

在对每个安全地区进行具体分析时，布赞和维夫运用了层次分析法，提出了地区安全研究的四层组织框架：国内层次，即内部意义上的地区内国家；地区层次，即国家间关系；地区间层次，即该地区与周边地区的互动；全球层次，即全球大国在地区中的角色。以上四个层次的互动构成了安全组群。他们还认为，地区安全复合体取决于一组国家或其他行为体之间存在相当程度的安全相互依赖，这种依赖关系需要相关单位间的大量互动。④

地区安全复合体理论的不足也是显而易见的。尽管布赞和维夫指出

---

① ［英］巴里·布赞、［丹麦］奥利·维夫著，潘忠岐、孙霞、胡勇、郑力译：《地区安全复合体与国际安全结构》，上海世纪出版集团 2009 年版，第 42 页。

② David A. Lake and Patrick M. Morgan, *Regional Orders: Building Security in a New World*, University Park: Penn State University Press, 1997, pp. 3-19.

③ ［英］巴里·布赞、［丹麦］奥利·维夫著，潘忠岐、孙霞、胡勇、郑力译：《地区安全复合体与国际安全结构》，上海世纪出版集团 2009 年版，第 47 页。

④ 同上书，第 217 页。

了行为体有权为了安全的需要使用非常规手段，却没有指明它们究竟可以使用哪些机制或工具作为非常规手段以及如何使用这些手段。而且，除了国家之外，还有哪些行为体可以在地区安全实践中发挥作用？公民社会等行为体会发挥何种作用？对于以上问题，该理论都没有展开论述。[①]

（三）地区安全治理研究

进入 21 世纪，随着全球治理议题的兴起和国际安全地区化进程的加快，关于地区安全治理的研究日益为国际关系理论界所重视。与地区安全治理相关的文献既有单纯针对各地区安全治理的研究，也有针对各地区组织安全治理的研究；既有汇集各个地区或地区组织安全治理情况的专著，也包括仅聚焦某一地区或地区组织安全治理情况的学术文章。上述研究为揭示地区安全治理背后的规律做了大量有益的尝试，但总体来说，它们尚未形成系统严密的理论框架。

地区安全治理的形式是多样的，这也是研究者倾向于采取案例分析和比较分析的方法分别对它们的安全治理特点加以论述的原因。学者们对比多个地区的情况后得出以下几点结论。第一，在地区安全治理的多元主体中，国家依旧是关键行为体。也就是说，国家仍是围绕地区安全治理话语实践的核心。与地区环境治理、地区经济治理相比，这一特征表现得尤为明显。当成员国权力不够强大时（或者说成员国多是脆弱国家时），地区组织在安全治理中往往难以发挥关键作用。其中典型的案例是非盟，虽然该组织在地区维和行动中发挥着越来越大的作用，但联合国仍是非洲地区安全治理中最主要的行为体。第二，非国家行为体的作用也不可忽视。它们一方面通过二轨外交等方式直接参与地区安全治

---

① Rodrigo Tavares, "Understanding Regional Peace and Security: A Framework for Analysis", *Contemporary Politics*, 14: 2, 2008, pp. 107 – 127.

理，另一方面通过国内政治的"正常"运作（特别是在大选活动中）影响决策进程，进而间接参与治理。以欧盟为例，非国家行为体对欧盟的安全政策和安全话语都能发挥一定的影响力。需要指出的是，非国家行为体也包括很多类型，它们在安全治理中发挥的作用并不相同；非国家行为体在不同的地区组织中发挥的作用也不能一概而论。第三，地区安全治理的主体也可能来自域外。比如，霸权国美国对非洲、东亚、中东等地区的安全稳定发挥重要影响力。当域外行为体充当维护地区和平的重要参与者时，地区组织在安全治理中所能发挥的作用往往会被削弱。成员国和域外关键行为体的双边关系往往比区域内行为体之间的关系更加重要。①

也有学者对十个地区组织的安全治理情况进行了对比，并根据威胁的来源、给地区组织的授权、成员国参与治理的水平、互动的背景，将这些地区组织的安全治理体系分为四种类型。② 第一类是协作型（concert）治理体系，以上合组织和东盟地区论坛为代表。它们面临的威胁主要来源于内部，比如恐怖主义、分裂主义和极端主义势力；地区组织所获的授权程度较低，主要采取多边磋商的形式开展合作；成员国参与治理的程度参差不齐，但总体偏低；成员国之间是有条件的友好互动关系，安全困境能获得温和缓解。第二类是合作安全（cooperative security）治理体系，以非盟、美洲国家组织、欧安组织等为代表。它们面临的威胁也主要来源于内部；地区组织所获的授权主要体现在协调、管理等功能方面；成员国参与治理的程度较为接近，基本保持在中低水平；成员国之间是友好互动关系，安全困境能获得缓解。第三类是集体防御（collective defense）治理体系，以北约为代表。它们面临的威胁主要来

---

① Shaun Breslin and Stuart Croft, eds., *Comparative Regional Security Governance*, New York: Routledge, 2012, pp. 16 – 17.

② Emil J. Kirchner and Roberto Dominguez, *The Security Governance of Regional Organizations*, pp. 324 – 327.

源于外部；地区组织所获的授权程度高，除了协调、管理等功能外，还有很强的遵约执行能力；成员国参与治理的程度很高，也很接近，这就为合作提供了便利条件；成员国间的关系友好，安全困境基本被消除。第四类是融合安全共同体（fused security community）治理体系，以欧盟为代表。它们面临的威胁多数来源于外部；地区组织所获授权程度高，体现为超国家性和政府间性，自愿遵约的范围广泛，成员国的司法主权在很大程度上遭到侵蚀；成员国参与治理的程度很高，也很接近；由于集体认同的存在，成员国间的关系非常友好，安全困境不复存在。

第三节 地区组织网络安全治理的研究路径

与全球层面相比，地区层面的治理具有明显的针对性，其制度设计会充分考虑到本地区政治、经济、社会、文化等多方面的要素，既考虑到问题的普遍性，又照顾到本地区的特殊性，从而使其更容易为本地区国家所接受。地区组织网络安全治理研究的是地区层面的网络安全治理情况，在开展相关研究前，有必要明确"治理"研究的以下特点：

第一，制度和规则是"治理"研究的切入点。全球治理概念的创始人詹姆斯·罗西瑙（James N. Rosenau）曾指出："全球秩序中的治理指的是通行于规制空隙之间的那些制度安排，或许更重要的是当两个或更多规制出现重叠、冲突时，或者在相互竞争的利益之间需要调解时才发挥作用的原则、规范、规则和决策程序。"① 因此，制度和规则对于治理的实现是非常重要的。如果没有设计得很好的游戏规则，即使是很

---

① ［美］詹姆斯·N. 罗西瑙主编，张胜军、刘小林等译：《没有政府的治理：世界政治中的秩序与变革》，江西人民出版社 2001 年版，第 9 页。

强的共同体也可能无法满足治理的需要。① 通过对欧盟、东盟和非盟的案例分析，本书将条分缕析地论述它们围绕网络安全三个核心指标的制度安排，并通过比较分析的方法揭示其背后的规律。

第二，行为体之间互动的关系与过程是"治理"研究不可或缺的内容。全球治理委员会对全球治理做出的定义是，"它是各种公共的或私人的个人和机构管理共同事务的诸多方式的综合，是使互相冲突的或不同的利益得以调和并且采取联合行动的持续的过程"。② 国内学者更是开创性地提出，规则治理和关系治理都是现实存在的治理模式，有效的良治在于合理结合两种模式的有益成分，全球和地区治理需要一个结合两种治理模式成分的综合治理模式。③ 地区组织需要在一个威胁来源日益多元化、权力日益分散化的世界中开展安全治理，因此本书虽然选择的是地区组织的研究视角，但在研究的过程中，还将考察地区组织和其他治理主体之间的互动与协调。后者既包括地区组织内部的成员国、非国家行为体等，也包括地区组织外部的国际因素，比如域外强权的影响、双边与多边合作等。

第三，社会规范、文化和共同体意识是"治理"研究的重要背景。治理并不局限于建立制度，还包括共同的价值体系、社会规范和文化实

---

① ［美］奥兰·扬著，陈玉刚、薄燕译：《世界事务中的治理》，上海世纪出版集团2007年版，第Ⅱ页。

② ［瑞典］英瓦尔·卡尔松、［圭亚那］什里达特·兰法尔主编，赵仲强、李正凌译：《天涯成比邻：全球治理委员会的报告》，中国对外翻译出版公司1995年版，第2页。

③ 秦亚青：《关系与过程：中国国际关系理论的文化建构》，上海人民出版社2012年版，第125、143页。长期以来，国际关系学界对全球治理和地区治理的研究多关注的是规则治理，即如何通过国际制度、国际机制等规则性因素降低交易成本、减少冲突、促进合作，但单纯研究规则治理往往容易忽略全球治理和地区治理的观念结构和社会特征，因为规则治理在不同地区和文化中有着不同的反映和效果。秦亚青在书中提出关系治理的概念，指出"关系治理是一个进行社会/政治安排的参与协商过程，用来管理、协调和平衡社会中的复杂关系，使社会成员能够在产生于社会规范和道德的相互信任的基础上，以互惠与合作的方式进行交往，并以此建立和维持社会秩序"。

践，以及社会团结的观念（共同体观念）。有效的制度对于治理来说是必需的，但光有制度往往是不够的。比如，如果没有支持性的文化，以及源自社会团结觉悟的合法性意识，那么要高度地遵守权利和规则方面的规定几乎是不可能的。① 在实际治理中，有的地区规则治理成分比较突出，有的地区关系治理的成分比较突出，这说明治理模式的实施与文化因素相关。② 本书在对地区组织网络安全相关制度展开分析的同时，还将联系各地区的社会规范、文化和共同体意识，探讨两者之间互相作用的问题。

由以上分析可以看出，地区组织网络安全治理的研究将很难基于单一的理论范式展开，且需要构建将关系治理研究与规则治理研究相结合的综合研究模式，因此有必要采取分析折中主义的研究方法，创造性地重组三大范式的理论要素，建构出一种复合的、更适合网络安全治理研究的理论框架。基于此，本书在借鉴国际体系特征这一概念的基础上提出，地区组织的特征将影响其开展网络安全治理的路径。

国际关系理论的三大范式对国际体系特征的看法对本书运用分析折中主义研究方法界定地区组织特征有一定借鉴意义。比如，结构现实主义者设定的国际体系特征是国际体系结构，并指出，结构的根本特征是国际体系中主要单位之间的物质权力分配，即大国间实力的分配。新自由制度主义者设定的国际体系特征是国际制度，并认为，国际体系结构的变化相当缓慢，可以假定为常数，更应关注的是进程——国际体系中单位之间的互动方式和互动类型。建构主义者设定的国际体系特征是国际文化，并提出，物质结构的确存在，但只有观念结构（亦即文化）

---

① ［美］罗纳德·杰普森、［美］亚历山大·温特、［美］彼得·卡赞斯坦："规范、认同和国家安全文化"，［美］彼得·卡赞斯坦主编，宋伟、刘铁娃译：《国家安全的文化：世界政治中的规范与认同》，北京大学出版社2009年版，第34—76页。

② 秦亚青：《关系与过程：中国国际关系理论的文化建构》，上海人民出版社2012年版，第157页。

才是使物质结构具有意义的社会性结构。[1]

基于此，本书将地区组织特征设定为地区组织与内外行为体（包括其成员国、私营部门、公民社会、域外大国等）围绕物质权力分配展开的长期互动过程中形成的观念结构。这一界定融合了三大理论范式对国际体系特征一词的建构方式，既强调了各行为体之间的互动过程性，也结合了它们之间的社会关系性，并且在这些关系和过程中也必然离不开基于物质权力分配的分析。

地区组织特征[影响]→其与内外行为体互动过程中形成的关

系[影响]→地区组织规则治理的自主性[体现为]→规则的内容和约束

力[决定]→网络安全治理的路径

图2—2　地区组织网络安全治理的路径分析

资料来源：作者自制。

围绕"地区组织的特征如何影响其开展网络安全治理的路径"这一核心问题，本书初步推演出以下假设：[2]

假设1，地区组织的特征影响甚至决定着其与内外行为体围绕某一议题（如网络安全治理）展开互动的过程中形成的各种关系。

从上文的界定可以看出，地区组织特征指的是地区组织与其内外行为体在长期的互动实践中积淀形成的观念结构/文化。比如，东盟强调"非正式性和最小限度的组织性"，其特征体现为：它从未试图建立约束和制裁成员国的机制，与私营机构和公民社会等非国家行为体的互动

---

[1]　秦亚青：《权力·制度·文化——国际关系理论与方法研究文集》，北京大学出版社2005年版，第16—18页。

[2]　假设是研究问题尚未得到检验的预想答案，或者可以界定为有待于证实或拒绝的对事实或事物性质以及相互关系的暂时性断言。如果假设经过实践证明是正确的，就成为结论。引自阎学通、孙学峰著：《国际关系研究实用方法》，人民出版社2007年版，第64页。

关系并不紧密，域外大国试图对东盟施加影响，但东盟推行大国平衡战略，防止任何大国的势力过于强大，以实现大国在东南亚的势力均衡。地区组织的特征一旦形成，即具有延续性，它将在很大程度上影响甚至决定着地区组织在其他议题上与内外行为体互动过程中形成的关系。

假设 2，地区组织规则治理的自主性是关系治理和规则治理之间的桥梁，可以实现两种治理模式的结合。

理论上而言，包括地区组织在内的国际组织是世界政治中的自主行为体，但它们不是在真空中运作，国家、非政府组织、商业公司和其他国际组织都会干预地区组织的工作，有时干预的程度还会很深。[①] 受地区组织特征的影响，部分行为体与地区组织的互动关系更紧密，能对地区组织施加较大的影响力，它们的主张也更容易在地区层面得到反映，这将影响地区组织开展规则治理时的自主性（体现为以免受其他行为体影响的方式运作的能力）。而地区组织的自主性既影响着地区的组织网络安全相关规则的内容，也决定着规则对各行为体的强弱约束力。

假设 3，地区组织的关系治理实践在一定程度上可以决定规则治理的情况。

关系治理和规则治理在地区组织的网络安全治理实践中是共在的，但二者的地位并不相同。地区组织与其内外行为体的互动关系不论亲疏都是客观存在的，而规则需要在地区组织与其内外行为体的互动关系中产生，因此地区组织的关系治理实践在一定程度上可以决定规则治理的情况。比如，尽管欧盟在长期的治理实践中表现出更多的规则治理模式，倾向于使用正式的规则和协议作为治理手段，但实际上这些规则亦

---

① ［美］迈克尔·巴尼特、［美］玛莎·芬尼莫尔著，薄燕译：《为世界定规则：全球政治中的国际组织》，上海人民出版社 2009 年版，第 228 页。另外，理性主义者和建构主义者分别运用委托—代理理论和社会学制度主义两种分析工具解释国际组织的自主性，参见刘宏松："国际组织的自主性行为：两种理论视角及其比较"，《外交评论》2006 年第 6 期，第 104—110 页。

是欧盟与成员国、私营机构、公民社会甚至域外国家互动关系的产物。

概而言之，如图2—2所示，地区组织的特征影响地区组织内外行为体围绕某一议题（如网络安全治理）展开互动的过程中形成的各种关系，这些关系进一步决定地区组织在开展规则治理时的自主性，自主性的强弱将具体体现在规则的内容和约束力上，从而构成了地区组织网络安全治理的路径。接下来，本书将运用横向和纵向比较相结合的方法，选取网络犯罪、网络战争（防御）、数据和隐私保护作为横向分析的核心指标，对比欧盟、东盟和非盟围绕三个核心指标的制度安排，也就是规则治理情况。同时，运用层次分析法开展纵向分析，比较各地区组织与成员国、非国家行为体、域外力量在开展网络安全治理时互动关系的异同，即关系治理情况。最后，本书将在横向比较和纵向比较的基础上，归纳出地区组织在网络安全治理方面的特点和规律。

第三章

欧盟网络安全治理

欧盟通常被视为地区合作的成功案例，其地区一体化的制度化水平高，形成了系统化的组织制度和科层机构。① 这一特点也在其网络安全治理方面得到了充分体现，其涵盖不同领域、具备不同法律效力的网络安全政策法规体系以及组织完备的机构设置是其他地区组织无法企及的，也为后者提供了借鉴的蓝本。

第一节　相关研究的进展及不足

与东盟、非盟相比，欧盟在网络安全的治理实践方面具有先行性。受此因素影响，国内外学术界对欧盟网络安全治理的研究无论是从数量规模上，还是从系统性、深入性上都更胜一筹。本书将分别对国内和国外的相关研究加以综述。

---

① 秦亚青：《关系与过程：中国国际关系理论的文化建构》，上海人民出版社 2012 年版，第 215—224 页。

一、国内关于欧盟网络安全治理的研究

从时间上看，国内学术界对欧盟网络安全治理问题较为系统的研究始于 2013 年，这与欧盟在该年度颁布其有关网络安全的首个综合性政策文件——《欧盟网络安全战略：一个开放、安全、可靠的网络空间》（简称《欧盟网络安全战略》）、组建打击网络犯罪中心、制定反制美国监控措施等一系列重要举措有关。从形式上看，国内相关研究多以期刊文章、硕博论文的形式展现，很少有相关的专著。从研究主题来看，相关研究可以分为以下三类：

一是有关欧盟网络安全政策法规和战略的研究。① 此类研究中，对《欧盟网络安全战略》的解析类文章数量最多，主要介绍该战略的出台背景、主要内容及特点、对中国信息安全工作的启示意义等。较有代表性的两篇文章是林丽枚的"欧盟网络空间安全政策法规体系研究"和周秋君的"欧盟网络安全战略解析"。前者梳理了欧盟 1992—2013 年期间颁布的网络空间安全政策法规，并运用表格、柱状图、扇形图等多种形式展示这些政策法规的主要特征，总结欧盟网络安全立法的演变和趋势，指出欧盟的网络安全政策法规体系呈现出形式多样化、目标动态

---

① 包括王婧："欧盟网络安全战略研究"，外交学院硕士学位论文，2018 年；刘金瑞："欧盟网络安全立法近期进展及对中国的启示"，《社会科学文摘》2017 年第 1 期，第 118—125 页；雷小兵、黎文珠："《欧盟网络安全战略》解析与启示"，《信息安全与通信保密》2013 年第 11 期，第 52—58 页；周秋君："欧盟网络安全战略解析"，《欧洲研究》2015 年第 3 期，第 60—78 页；张莉："透视《欧盟网络安全战略》"，《中国电子报》2013 年 10 月 22 日，第 6 版；陈旸："欧盟网络安全战略解读"，"国际研究参考"2013 年第 5 期，第 32—36 页；王磊、蔡斌："网络空间的威斯特伐利亚体系——欧盟网络信息安全战略浅析"，"中国信息安全"2012 年第 7 期，第 60—63 页；林丽枚："欧盟网络空间安全政策法规体系研究"，《信息安全与通信保密》2015 年第 4 期，第 29—33 页；李纪舟："2013 年欧盟网络和信息安全建设动态综述"，《信息安全与通信保密》2014 年第 2 期，第 58—63 页；柴亚楠："欧盟网络安全体系建设分析及借鉴"，《湖北警官学院学报》2015 年第 3 期，第 12—15 页；郭春涛："欧盟信息网络安全法律规制及其借鉴意义"，《信息网络安全》2009 年第 8 期，第 27—29 页。

化、内容多元化的特点。后者主要解读的是欧盟网络安全的整体战略框架体系，包括以《欧盟网络安全战略》为标志的政策体系、组织机构、技术保障、合作实践及文化建设五大内容。该文章的特色在于：一方面不拘泥于网络安全战略的文件本身，还介绍了相关的机构设置、国际合作和文化建设等；另一方面将欧美的网络安全战略加以比较，指出欧盟的战略偏重于治理层面，有别于军事层面的美国网络安全战略。

二是有关欧盟网络犯罪问题的研究。[①] 与第一类研究相比，此类研究将范围缩小到网络安全的一个具体领域——网络犯罪，提高了针对性，但国内学者多从法学而非国际关系学的角度开展研究，如林雪杰、王倩、王洪涛等人的学位论文以及皮勇、古丽阿扎提·吐尔逊的国别研究，都是从法学的角度切入，介绍欧盟立法体系下对网络犯罪的定义和司法认定，并藉此提出对中国立法的借鉴意义。也有一些文章对2013年后欧盟打击网络犯罪的新举措进行介绍，如打击网络犯罪中心的成立及其对中国的启示等，但相关研究偏重描述性，理论性、阐释性有限。

三是有关欧盟数据和隐私保护的研究。由于历史和现实的原因，欧盟十分重视隐私权的保护，并通过法律法规来协调各成员国之间对网络隐私权的保护，对包括美国在内的世界各国产生了重要影响。[②] 近些

---

① 包括林雪杰："欧盟打击跨国网络色情犯罪问题研究"，山东大学法学院硕士学位论文，2013年；王倩："计算机网络犯罪控制对策研究"，吉林大学法学院硕士学位论文，2010年；王洪涛："网络犯罪若干问题探讨"，湖南大学法律硕士学位论文，2007年；王云才："网络有组织犯罪威胁评估——欧洲网络犯罪中心报告解读与启示"，《中国人民公安大学学报（社会科学版）》2015年第1期，第10—19页；俞晓秋："打击网络犯罪欧盟做法可鉴"，《中国国防报》2013年1月22日，第10版；俞晓秋："欧盟成立打击网络犯罪中心的三点启示"，《中国信息安全》2013年第2期，第76—77页；夏草："欧盟重拳出击网络集团犯罪"，《检察风云》2013年第9期，第55—57页；皮勇："论欧洲刑事法一体化背景下的德国网络犯罪立法"，《中外法学》2011年第5期，第1038—1066页；古丽阿扎提·吐尔逊："英国网络犯罪研究"，《中国刑事法杂志》2009年第7期，第123—126页。

② 徐敬宏："欧盟网络隐私权的法律法规保护及其启示"，《情报理论与实践》2009年第5期，第117页。

年，国内学术界开始重视对欧盟网络隐私权保护的研究，但很多专著和文章①都是以网络隐私权保护为主题，仅将欧盟作为其中的一个案例来论证，这就意味着相关研究在深入性和系统性方面存在一定不足。这些文章在比较欧美网络隐私权保护模式的基础上指出，由于法律传统存在差异，欧盟对网络隐私权的保护采用立法规制模式，美国虽然兼顾了立法和行业自律规则，但在很大程度上还是依赖行业自律规则。在肯定欧盟以立法为主的规制模式在遏制侵害个人隐私权方面更为有效的同时，也有学者提出，欧盟模式增加了网络服务提供商的法定义务和过多的责任，也增加了以网络服务提供商为代表的整个信息产业的成本，甚至会损害信息产业的利益并阻碍网络的发展。② 在欧盟 2016 年通过《数据保护通用条例》（General Data Protection Regulation,③ GDPR）之后，国内学术界对欧盟数据保护的研究兴趣日渐浓厚。④ 但此类文献仍旧存在描述有余、阐释不足的问题，立足点多在于对国内相关立法的借鉴意义，很少探究欧盟数据和隐私保护措施背后的政治因素和意义。

---

① 例如，张秀兰：《网络隐私权保护研究》，北京图书馆出版社 2006 年版；郭丹、米铁男："国外网络隐私权保护制度评析"，《经济研究导刊》2013 年总第 29 期，第 267—269 页；徐敬宏："网络隐私权保护：域外模式述评及我国模式探索"，《情报理论与实践》2010 年第 5 期，第 35—38 页；杨天翔："网络隐私权保护：国际比较分析与借鉴"，《上海商学院学报》2007 年第 4 期，第 41—44 页；王全弟、赵丽梅："论网络隐私权的法律保护"，《复旦学报（社会科学版）》2002 年第 1 期，第 107—137 页；华劼："网络时代的隐私权——兼论美国和欧盟网络隐私权保护规则及其对我国的启示"，《河北法学》2008 年第 6 期，第 7—12 页；赵利燕："论网络隐私权的保护"，华东政法大学法律硕士论文，2013 年。

② 徐敬宏："欧盟网络隐私权的法律法规保护及其启示"，《情报理论与实践》2009 年第 5 期，第 117—120 页。

③ 国内亦有学者将其翻译为《数据保护一般规则》《一般数据保护条例》。

④ 例如，吴沈括："欧盟《一般数据保护条例》与中国应对"，《信息安全与通信保密》2018 年第 6 期，第 13—16 页；王达、伍旭川："欧盟《一般数据保护条例》的主要内容及对我国的启示"，《金融与经济》2018 年第 4 期，第 78—81 页；闫晓丽："欧盟数据保护制度的变革及启示"，《网络空间安全》2017 年第 1 期，第 22—26 页；张敏、马民虎："欧盟数据保护立法改革之发展趋势分析"，《网络与信息安全学报》2016 年第 2 期，第 8—15 页。

二、国外关于欧盟网络安全治理的研究

相对于国内研究来说，西方学术界（特别是欧洲学者）对欧盟网络安全治理的研究更深入、涉及的范围更广泛，这些研究多以欧盟官方研究报告的形式展现。不过，欧洲学者仍旧认为，与针对美国的研究相比较，关于欧盟网络安全行动的学术成果不仅数量少，而且缺乏深入系统的分析。[①] 根据相关文献的特点，可以将其归为欧盟网络安全治理的内容和特点两个方面。

（一）关于欧盟网络安全治理的内容

欧盟学者认为，尽管很多欧盟国家都有自己的网络安全战略，并且有对网络安全的概念化理解，但欧盟作为一个整体，对这个概念的界定并不清晰，只能从欧洲网络与信息安全局（ENISA）的出版物中才能找到相关的含义。ENISA 将网络安全定义为"保护信息、信息系统、基础设施及其应用免受与全球互联环境有关的威胁"，其认为的威胁可以具体化为网络犯罪、网络间谍和网络战争，但这种定义似乎过于笼统且缺乏深度。[②]

欧洲议会对外政策理事会的报告将欧盟的网络安全范畴分为三大类别：第一类涵盖网络攻击、网络犯罪和网络恐怖主义，第二类为互联网和信息安全，第三类涉及共同的外交和安全政策。[③]

---

① George Christou, "The EU's Approach to Cyber Security", EUSC, Policy Paper Series, Autumn/ Winter 2014, p. 2, http://docshare. tips/eusc-cyber-security-eu-christou _ 574c6b89b6d 87f7f0a8b5473. html.

② Krzysztof Feliks Sliwinski, "Moving beyond the European Union's Weakness as a Cyber-Security Agent", *Contemporary Security Policy*, 35: 3, 2014, pp. 468 – 486.

③ Alexander Klimburg, "Cybersecurity and Cyberpower: Concepts, Conditions and Capabilities for Cooperation for Action within the EU", European Parliament Directorate-general for External Policies, April 2011, pp. 29 – 47, http://www. europarl. europa. eu/thinktank/fr/document. html? reference = EXPO-SEDE_ET （2011） 433828.

也有学者将欧盟网络安全分为四大领域，即打击网络犯罪、建立网络弹性、强化网络外交和发展网络防御能力。① 与美国、北约等对网络安全的界定有所区别的是，网络战争和网络防御较少在欧盟层面提及，这和欧盟共同外交和安全政策（CFSP）运行机制的局限性有关。②

（二）关于欧盟网络安全治理的特点

国外学者和研究机构认为，欧盟网络安全治理有以下几个方面的特点：

第一，欧盟的网络安全政策是在多层级、多利益攸关方的政治框架下形成的。这意味着不同利益攸关方之间的共识是极为重要的，并且私营部门的专家有机会参与塑造安全政策。尽管私营部门参与网络安全治理也存在一些问题，但此举也能被乐观地视为实现更民主安全政策的第一步。欧盟机构和跨国非政府组织是私营部门参与政治进程的主要渠道，私营部门能运用其技术比较优势给欧盟的政治日程施加决定性的影响。③

第二，欧盟能在全球网络安全治理中扮演重要角色。这是因为，欧盟长期以来一直致力于捍卫网络空间里的自由、民主和法治，并且在数据保护方面有着毋庸置疑的领导权，而要扮演好这种角色，欧盟需要同时担当起警察、外交官、监管者的责任。④ 不能仅仅将互联网当作沟通工具或交易平台，欧盟成员国间需要开展合作和加强能力建设，而不是

① Patryk Pawlak and Catherine Sheahan, "The EU and its (cyber) Partnership", European U-nion Institute for Security Studies, March 2014, https：//www. iss. europa. eu/sites/default/files/EU-ISSFiles/Brief_9_Cyber_partners. pdf.

② Patryk Pawlak, "Cyber world：Site under Construction", European Union Institute for Secu-rity Studies, September 2013, http：//indianstrategicknowledgeonline. com/web/EU%20Cyber. pdf.

③ Annegret Bendiek, "European Cyber Security Policy", German Institute for International and Security Affairs Research Paper, October 2012, https：//www. swp-berlin. org/fileadmin/contents/products/research_papers/2012_RP13_bdk. pdf.

④ Patryk Pawlak, "Cyber world：Site under Construction", European Union Institute for Secu-rity Studies, September 2013, http：//indianstrategicknowledgeonline. com/web/EU%20Cyber. pdf.

仅停留在对各自网络安全战略的协调层面。①

　　第三，欧盟将网络安全治理视为内政和外交政策相互交织的问题。欧洲议会的报告指出，欧盟在帮助成员国形成应对严重网络攻击的弹性方面做出了重要贡献，但这些措施需要更好地加以协调，应当被拓展，而且最重要的是需要被理解——网络安全不仅是"内部"或"经济"事宜，也是共同的外交和安全政策事宜。网络的挑战超出了内部和外部事务、安全和经济领域、甚至"国家"和"非国家"的传统分界。在网络空间，这些界限是模糊的，只有那些能够应对这种模糊性的行为体才能在未来运用网络软权力和硬权力。②

　　第四，欧盟治理的是更宽泛、非军事层面的网络安全问题。这一特点是相对北约而言的，欧盟和北约都将网络安全视为影响自身和成员国安全和防御的战略问题，它们的使命相互补充。北约聚焦的是网络安全的防御部分，欧盟更注重互联网自由和治理、线上权利和数据保护。北约将网络防御作为集体防御的核心任务之一，而且北约在网络安全方面的应对策略比欧盟更为成熟和全面。欧盟和北约应更有效地协调其在网络安全方面的活动，以帮助提高欧洲—大西洋共同体的网络弹性。③

　　第五，欧盟网络安全治理需要克服成员国间的数字鸿沟。商业软件联盟（Business Software Alliance）对欧盟28个成员国的网络安全情况进行了介绍和比较，并于2015年发布其首份关于欧盟网络安全治理状

---

① Krzysztof Feliks Sliwinski, "Moving beyond the European Union's Weakness as a Cyber-Security Agent", *Contemporary Security Policy*, 35：3，2014，pp. 468 – 486.

② Alexander Klimburg, "Cybersecurity and Cyberpower：Concepts, Conditions and Capabilities for Cooperation for Action within the EU", European Parliament Directorate-general for External Policies, April 2011, pp. 29 – 47, http：//www. europarl. europa. eu/thinktank/fr/document. html? reference = EXPO-SEDE_ET（2011）433828.

③ Piret Pernik, "Improving Cyber Security：NATO and the EU", International Center for Defence Studies, September 2014, https：//icds. ee/wp-content/uploads/2010/02/Piret_Pernik_–_Improving_Cyber_Security. pdf.

况的报告。报告指出：欧盟成员国的网络安全政策、法律框架和行动能力之间存在很大差异，导致欧洲存在很明显的网络安全鸿沟；尽管 27 个欧盟成员国建立了运作实体，比如计算机安全应急响应小组（CERTs），但其使命和经验却存在巨大差异；欧盟成员国间的另一个显著差异体现在与非政府行为体的系统合作方面。①

对国内外的文献综述表明，目前有关欧盟网络安全治理的研究成果比较丰富，但相对零散，多为对现象的梳理，缺乏相应的理论支撑；研究注重对网络安全治理措施的分析，但对这些政策出台的宏观背景和原因关注不多；已有的研究多从欧盟、成员国等单个行为体出发，较少涉及欧盟机构、成员国、次国家行为体在治理中的角色与互动。因此，目前关于欧盟网络安全治理的研究还存在一些薄弱环节，主要表现在：第一，现有研究主要是从欧美网络安全战略比较的角度着手，较少从欧盟本身的组织机构特点出发考虑其网络安全治理情况；第二，现有研究主要是对欧盟超国家层面的治理路径进行论述，没有对国家、次国家层面应对网络安全问题的路径进行系统阐释；第三，缺少对欧盟、东盟、非盟等地区组织网络安全治理路径的比较分析。

第二节　欧盟网络安全的现状和理念

就现状而言，欧盟国家的互联网普及率整体都处于较高水平，这让它们更容易暴露在各种网络威胁和风险之中。欧洲网民的网络安全意识相对较高，但成员国各自的网络安全政策、法律框架和运营能力存在巨大差异。欧盟网络安全理念体现的是其一贯倡导的平等、自由、法治、

---

① "EU Cybersecurity Dashboard: A Path to a Secure European Cyberspace", BSA the Software Alliance, 2015, http://cybersecurity.bsa.org/assets/PDFs/study_eucybersecurity_en.pdf.

人权等核心价值观，打击网络犯罪和数据隐私保护是其关注重点。欧盟的做法体现了其在制度驾驭方面的优势，它通过渗透欧洲价值观和善治理念，引入其擅长的制度设计和法治经验，将网络安全做成一项辐射全民的系统工程，并在此基础上去争取国际社会的制网权，提升相对于其他大国的竞争力。[1]

一、欧盟国家的网络安全现状

截至 2017 年 12 月 31 日，欧盟 28 个成员国的互联网普及率（详见表 3—1）均在 66% 之上，普及率在 90% 以上的有 15 个国家，其中爱沙尼亚排名第一，普及率高达 97.7%。欧盟整体的互联网普及率为 90.3%，高于全球平均水平（54.5%），也远超亚洲（48.1%）和非洲（35.2%）的平均水平。[2] 这种较高的互联网普及水平，在给欧洲经济带来活力的同时，也使其容易成为各种网络攻击的目标。据 ENISA 估算，网络攻击每年给欧盟造成的经济损失约为 413 亿美元。[3]

表 3—1 欧盟国家的互联网普及率（以下数据均截至 2017 年 12 月 31 日）

国家	人口	互联网用户数量	互联网普及率
奥地利	8751820	7695168	87.9%
比利时	11498519	10857126	94.4%
保加利亚	7036848	4663065	66.3%
克罗地亚	4164783	3787838	90.9%
塞浦路斯	1189085	971369	81.7%

[1] 周秋君："欧盟网络安全战略解析"，《欧洲研究》2015 年第 3 期，第 60—78 页。

[2] Internet World Stats, updated on Dec. 31, 2017, https://www.internetworldstats.com/stats4.htm.

[3] Tom Spring, "EU Struggles to Determine Growing Cost of Cyberattacks", August 12, 2016, https://threatpost.com/eu-struggles-to-determine-growing-cost-of-cyberattacks/119870/.

国家	人口	互联网用户数量	互联网普及率
捷克	10625250	9323428	87.7%
丹麦	5754356	5574770	96.9%
爱沙尼亚	1306788	1276521	97.7%
芬兰	5542517	5225678	94.3%
法国	65233271	60421689	92.6%
德国	82293457	79127551	96.2%
希腊	11142161	7815926	70.1%
匈牙利	9688847	8588776	88.6%
爱尔兰	4803748	4453436	92.7%
意大利	59290969	54798299	92.4%
拉脱维亚	1929938	1663739	86.2%
立陶宛	2876475	2599678	90.4%
卢森堡	590321	572242	96.9%
马耳他	432089	360056	83.3%
荷兰	17084459	16383879	95.9%
波兰	38104832	29757099	78.1%
葡萄牙	10291196	8015519	77.9%
罗马尼亚	19580634	14387477	73.5%
斯洛伐克	5449816	4629641	85%
斯洛文尼亚	2081260	1663795	79.9%
西班牙	46397452	42961230	92.6%
瑞典	9982709	9653776	96.7%
英国	66573504	63061419	94.7%
欧盟整体	509697104	460290190	90.3%

资料来源：https：//www.internetworldstats.com/stats4.htm.

互联网正在成为欧洲恐怖分子利用的工具。近年来，欧洲恐怖袭击事件频发，这与"伊斯兰国"等极端组织在互联网上渗透传播其意识形态、在网上招兵买马并通过网络来指挥和联络不无关系。网络恐怖主义已经引起欧盟委员会、欧洲刑警组织（Europol）的关注，后者早在2012年就在其年度威胁评估报告中关注恐怖集团发起的网络攻击，而欧盟委员会也在2017年10月的安全报告①中特别提到要采取措施应对网络技术支持下的恐怖主义威胁。

欧洲还是首场国家间网络战争的爆发地。2007年4月，波罗的海国家爱沙尼亚遭遇大规模网络攻击，攻击目标包括国会、政府部门、银行及媒体的网站，给该国造成了巨大损失。② 这也是欧洲国家较其他地区和国家更为重视网络战争的原因。2017年9月，欧盟多国国防部长在爱沙尼亚的首都塔林共同参与了名为"EU CYBRID 2017"的首次模拟网络战演习。③

同亚洲、非洲的网民相比，欧洲网民的网络安全意识比较高。欧盟通过竞赛、培训、模拟网络战等形式在全社会营造了一种网络安全文化，提高了民众的网络安全认知与防范意识。欧盟委员会的官方民调机构Eurobarometer 2011年的调查表明，81%的欧盟公民相信网络犯罪是欧盟内部安全的重要挑战，尽管不一定是最为紧迫的挑战；在所有的安

---

① Alexander Duisberg, "European Commission Takes Steps against Cyber Terrorism in Security Union Report", December 15, 2017, https：//www. twobirds. com/en/news/articles/2017/global/european-commission-takes-steps-against-cyber-terrorism-in-security-union-report.

② 事情的起因是，2007年4月27日，爱沙尼亚政府不理会俄罗斯政府的抗议，坚持把首都塔林市中心一尊两米高的苏军纪念碑"青铜战士"像迁往他处（苏联于1947年建立，用以纪念战死的战士），引发占全国人口25%的俄罗斯族人的不满，首都塔林发生抗议示威和骚乱。当天晚上，黑客开始攻击包括国会、政府部门、银行和媒体在内的网站，时间持续长达三个星期。尽管爱沙尼亚的官员和媒体都认为这一事件的幕后指挥是克林姆林官，但由于网络攻击的源头来自全球各地被劫持的电脑，没有证据可以确认俄罗斯政府在此次行动中扮演的角色。这次事件造成的长期影响是，爱沙尼亚政府成功地让北约在塔林建立了永久性机构"合作网络防御卓越中心"（CCD-COE）。

③ Natasha Lomas, "EU Defense Ministers Take Part in First Cyber War Game", September 7, 2017, https：//techcrunch. com/2017/09/07/eu-defense-ministers-take-part-in-first-cyber-war-game/.

全挑战中，网络安全被认为是最需要欧盟做出更多努力加以应对的领域。① 该机构 2012 年的调查发现，由于担心网络安全问题，18% 的欧盟互联网用户表示不愿意通过网络购物，15% 的用户表示不愿意使用网络银行业务。② 2013 年的调查表明，76% 的欧盟公民相信，他们比以前更进一步地暴露在网络犯罪的威胁之下，受调查者希望欧盟在网络安全方面扮演更为积极主动的角色。③ 此外，该机构 2015 年 6 月的调查显示，半数的欧洲互联网用户都担心，他们会因个人数据被误用而成为欺诈的受害者；71% 的欧洲人感觉，如果他们要通过互联网获取产品或服务，除了披露个人信息之外没有其他选择；几乎所有的欧洲受调查者都表示，如果他们的数据被窃取，希望能被通知；只有 15% 的欧洲被调查者相信他们能完全控制自己在互联网上提供的信息，31% 的被调查者认为，他们根本不能操控这些信息。④

尽管欧盟国家整体的互联网普及率较高，但数字鸿沟却依旧存在，主要体现在成员国的网络安全政策、法律框架和运营能力等方面。尽管欧盟成员国基本都建立了计算机安全应急响应小组（CERTs），但它们的宗旨和经验却存在巨大差异。另外，各成员国的政府和非政府行为体的合作水平也参差不齐，奥地利、德国、荷兰、西班牙和英国在网络安全方面的公私伙伴水平较高，已经建立了正式的合作伙伴关系（PPP），但在大多数成员国当中，网络安全的公私合作关系或者不存在，或者还

① Special Eurobarometer 371, November 2011, http：//ec. europa. eu/public _ opinion/archives/ebs/ebs_371_en. pdf.

② Special Eurobarometer 390, July 2012, http：//ec. europa. eu/public _ opinion/archives/ebs/ebs_390_en. pdf.

③ Special Eurobarometer 404, November 2013, http：//ec. europa. eu/public _ opinion/archives/ebs/ebs_404_en. pdf.

④ Special Eurobarometer 431 – Data Protection, June 2015, http：//ec. europa. eu/public_opinion/archives/ebs/ebs_431_sum_en. pdf.

处于早期发展阶段。①

二、欧盟的网络安全理念

近年来，欧盟对网络安全的重视程度不断提高。在欧盟委员会2015 年 4 月出台的"欧洲安全议程（2015—2020）"中，打击网络犯罪是其三大支柱之一。网络与信息系统安全指令（Network and Information Security Directive，简称"NIS 指令"）2016 年 7 月在欧洲议会获得通过，这是欧盟网络安全立法上又一里程碑式的事件。此外，欧盟还在2014—2020 年划拨 6 亿多欧元用于网络安全项目的研究和创新，并积极推动欧盟在网络安全领域的国际合作。② 2017 年 9 月，欧盟委员会主席让—克洛德·容克（Jean-Claude Juncker）在其年度"盟情咨文"演讲中强调，网络安全③是欧盟在未来一年中优先关注的五大事项之一。④

具体而言，本书将以网络空间治理模式、传统国际法在网络空间的适用、数据和网络隐私保护、互联网自由等议题为分类标准，梳理出欧盟的网络安全理念。

---

① "EU Cybersecurity Dashboard：A Path to a Secure European Cyberspace"，BSA the Software Alliance Report，2015，http：//cybersecurity. bsa. org/assets/PDFs/study_eucybersecurity_en. pdf.

② European Commission，"EU Cybersecurity Initiatives，Working towards a More Secure On-line Environment"，January 2017，http：//ec. europa. eu/information_society/newsroom/image/doc-ument/2017‐3/factsheet_cybersecurity_update_january_2017_41543. pdf.

③ 欧盟在 2013 年公布的网络安全战略中将网络安全定义为"可在民事和军事领域用于保护网络空间的各种保障措施和行动，使网络空间免受各种威胁，或者使与之相互依存的网络和信息基础设施免受损害"。参见 European Commission，"Cybersecurity Strategy of the Europe-an Union：An Open，Safe and Secure Cyberspace"，February 7，2013，p. 3，https：//eeas. euro-pa. eu/archives/docs/policies/eu-cyber-security/cybsec_comm_en. pdf.

④ European Commission，"President Jean-Claude Juncker's State of the Union Address 2017"，September 13，2017，http：//europa. eu/rapid/press-release_SPEECH‐17‐3165_en. htm. 容克在演讲中还指出，欧盟在保护欧洲人的线上安全方面已经取得了显著进步，欧委会提出的新规则将保护知识产权、文化多样性和个人数据，欧盟还加大了对恐怖分子网络宣情和网上激进言论的打击力度，但是欧洲在应对网络攻击方面仍然准备不足，"网络攻击对民主和经济稳定的威胁超过机枪和坦克"。

在网络空间的治理模式方面，欧盟与美国、日本、加拿大等国家都是多利益攸关方模式的坚定支持者，认为网络空间既包括国家行为体，也包括公司、非政府组织、学术团体乃至个人用户，这些行为体对于网络空间的开放、繁荣、透明同等重要，共同构成了网络空间的权力体系。欧盟还认为，自下而上的多利益攸关方模式不同于传统的多边主义，它的监管决定是建立在松散的共识而非严格投票程序基础上的，全球互联网治理的主要机构应是互联网名称与数字地址分配机构（ICANN）。

在传统国际法的适用方面，欧盟官员和学者认为，网络空间的独特性决定了需要对传统法律增加额外的内容，但它并不要求重新设立国际规范。网络空间给现存的各种挑战（犯罪、间谍、恐怖主义和战争）带来了新的角度，但网络安全并不是全新的挑战。在应对这些挑战时，只需要在现有框架内调整原有的工具手段即可应对虚拟世界的问题。欧盟支持并积极参与联合国信息安全政府专家组的工作，推动制定并落实网络空间负责任国家行为准则、规则和原则，确认国际法，特别是联合国宪章，适用于网络空间。

在数据和网络隐私保护方面，欧盟的理念和法律法规体系都较为超前，欧盟在数据和网络隐私保护方面的制度安排通常被视为该领域的全球标准。美洲和亚洲的大多数国家在制定与网络隐私保护相关的法律时，经常容易受到欧盟的影响，借鉴其保护模式。① 但欧美的理念和保护模式存在较大差异，美国将隐私视为个人权利，而欧洲却将其视为社会价值。在欧洲，对侵犯隐私进行监管的是政府；而在美国，政府更让公众担心。欧洲公司被禁止阅读雇员的电子邮件，这在美国却被视为合法。美国的保护模式以行业自律为主，欧盟则以法律规制为主。尽管美

---

① 徐敬宏："欧盟网络隐私权的法律法规保护及其启示"，《情报理论与实践》2009 年第5 期，第117—120 页。

国和欧洲在网络隐私权保护方面有着严重的哲学分歧，但二者对隐私权都有着基本的法律保护，这与不太重视隐私保护的亚洲、非洲国家是截然不同的。[①]

在互联网自由方面，欧盟多次强调，互联网应当是面向所有人的自由、开放和安全的平台，互联网自由是保护言论和表达自由的基本人权规范的一部分。2014年，欧盟理事会还通过了"欧盟关于线上和线下表达自由的人权准则"，指出"线下享有的人权也应当在线上获得保护，特别是自由表达权和隐私权"。[②] 此外，互联网自由在欧盟网络外交中也占据重要地位。欧盟在高级别政治对话中呼吁伙伴国采取立法措施，以确保推动和保护公民在线上和线下的言论和表达自由。同时，它还资助发展中国家开展相关的培训、能力建设项目等。

第三节　欧盟网络安全治理的路径

从欧盟委员会的官方声明来看，欧盟开展网络安全治理的目标包括三个方面。一是提高能力和推动合作，推动欧盟所有成员国的网络安全能力达到同等发展水平，以确保有效的跨境合作和信息交换。二是让欧盟成为网络安全方面的强者。要让欧洲公民、企业和公共机构有机会接触最新的数字安全技术，为此，欧洲需要克服网络安全市场的碎片化，并推动欧洲网络安全产业的发展。三是要让网络安全成为欧盟政策的主

① Richard A. Clarke, "Securing Cyberspace through International Norms – Recommendations for Policymakers and the Private Sector", http://www.goodharbor.net/media/pdfs/SecuringCyberspace_web.pdf.

② Council of the European Union, "EU Human Rights Guidelines on Freedom of Expression Online and Offline", May 12, 2014, https://eeas.europa.eu/sites/eeas/files/eu_human_rights_guidelines_on_freedom_of_expression_online_and_offline_en.pdf.

流。将网络安全纳入欧盟未来的政策倡议中，特别是智能互联汽车、智能电网和物联网等与新技术和新兴产业相关的领域。①

根据第二章第三节中提出的分析模式，本书对欧盟等地区组织网络安全治理路径的分析将分为两个部分：第一部分研究欧盟在网络安全方面的规则治理情况；第二部分考察欧盟在网络安全方面的关系治理情况，包括它与成员国、非国家行为体、域外力量在应对网络威胁过程中所形成关系的分析。

一、欧盟的规则治理情况

在政策法规方面，欧盟从 1992 年开始网络空间安全的立法活动，② 是世界范围内较早进行网络空间安全立法的地区组织。目前，欧盟已经形成较为全面、成熟的网络安全政策法规框架体系。从形式上来看，欧盟有关网络安全的制度安排包括战略规划、公约、条例、决议、指令、决定、宣言、建议等，其中指令形式为数最多，1/3 以上的网络安全政策法规以指令的方式出现。③ 比如，2016 年 7 月，欧盟最终正式通过了 NIS 指令，该指令是欧盟层面第一部综合性网络安全立法，于 2016 年 8 月 8 日正式生效，并在之后的 21 个月转化为欧盟成员国的国内法。从内容上来看，这些政策法规主要集中于五大领域，即打击网络犯罪、建立网络弹性、强化网络外交（将在下文"与域外力量的合作"中详述）、发展网络防御能力以及数据和隐私保护。

---

① European Commission, "EU Cybersecurity Initiatives, Working towards a More Secure Online Environment", January 2017, http：//ec. europa. eu/information_society/newsroom/image/document/2017 – 3/factsheet_cybersecurity_update_january_2017_41543. pdf.

② 欧盟在 1992 年通过了《信息安全框架决议》，内容涉及电信基础设施安全、软硬件安全等。

③ 林丽枚："欧盟网络空间安全政策法规体系研究"，《信息安全与通信保密》2015 年 4 月，第 29—33 页。

在打击网络犯罪方面，欧盟曾出台过很多法规政策，比如 1999 年的《关于打击计算机犯罪协议的共同宣言》、2005 年的《关于打击信息系统犯罪的欧盟委员会框架决议》、2011 年的《关于打击线上性剥削儿童和儿童色情的指令》等。2013 年 9 月，《欧盟打击信息系统攻击的指令》（EU Directive 2013/40 on Attacks against Information Systems）开始生效。相比被取代的 2005 框架决议，该指令采取了更加严格的监管措施，将使用僵尸病毒、恶意软件和违规获取的密码攻击信息系统的行为也视为非法。① 2013 年出台的《欧盟网络安全战略》亦对打击网络犯罪做出了要求：建议以《布达佩斯网络犯罪公约》作为各国网络安全领域立法的框架；欧委会同时将通过资金项目，支持成员国查找漏洞，加强调查和与网络犯罪做斗争的能力，赞助各成员国成立打击网络犯罪中心等。为提升打击网络犯罪的能力，给公民和企业提供安全的互联网环境，2013 年 1 月欧盟打击网络犯罪中心组织（European Cybercrime Centre，简称 EC3）在设于海牙的欧洲刑警组织总部正式宣布成立。EC3 负责汇总成员国的相关犯罪信息、调查人员信息、警方及学术界专家信息，并为欧盟成员国提供相关专业知识的普及和培训。

在提高网络弹性（抗打击能力）方面，欧盟也出台了很多关于互联网和信息安全、关键基础设施保护和关键信息基础设施保护的政策法规。比如，1992 年的《信息安全框架决议》是欧盟网络空间安全立法的开端，对电信基础设施安全、软硬件安全、使用和管理安全等信息系统安全做了详细规定；2008 年颁布《欧盟关键基础设施认定、指定以及评估强化其保护必要性的指令》，提出了保护欧盟关键基础设施的初步计划；2009 年发布保护关键信息基础设施的建议并修订

---

① Herbert Smith, "EU Cyber Crime Directive Takes a Tougher Stance Against Attacks on Information Systems", October 17, 2013, http://www.lexology.com/library/detail.aspx? g = d3863b 21 – 3c3b – 419e – 8a8f – 2b007acb3a10.

《电子通信指令》，以应对大规模网络攻击的威胁和电子通信网络服务的新变化；2011 年发布《保护关键信息基础设施——面向全球网络安全的成就和下一步行动》，进一步部署了欧盟层面的关键信息基础设施保护计划。

在发展网络防御能力方面，欧盟层面较少提及网络战争和网络防御，这是欧盟共同外交和安全政策（CFSP）的局限性所致。尽管欧盟理事会 2014 年 11 月通过了《欧盟网络防御政策框架》（EU Cyber Defence Policy Framework），① 旨在协助成员国发展有关共同安全和防御政策的网络防御能力，但成员国仍然是网络防御的主力，它们更倾向于在北约内开展合作，以提高其网络防御能力。② 欧盟有 22 个成员国同时也是北约的成员国，欧盟和北约已经就共同感兴趣的问题开展对话，比如在网络安全和防御方面相互重叠的标准等。③ 而且，自 2010 年起，欧盟—北约开始定期举行非正式的网络安全会议，合作的领域得到确认，包括提高网络安全意识、联合培训、形成网络弹性方面的能力等。欧盟网络安全战略中也涉及网络防御问题，界定了四个主要的工作方向：与成员国一起建立网络防御能力、建立欧盟网络防御政策框架、推动军民对话、与北约和其他主要利益攸关方等开展对话。

在数据和隐私保护方面，《数据保护通用条例》于 2016 年 4 月通过之前，欧盟主要有两大相关法律框架——数据保护指令（即 1995 年的《关于个人数据处理保护与自由流动指令》）和电子隐私指令（即 2002

---

① Council of the European Union, "EU Cyber Defence Policy Framework", November 2014, https：//ccdcoe. org/sites/default/files/documents/EU – 141118 – EUCyberDefencePolicyFrame. pdf.

② Piotr Bąkowski, "Cyber Security in the European Union", European Parliamentary Research Service, 12/11/2013, pp. 3 – 6, http：//www. europarl. europa. eu/eplibrary/Cyber-security-in-the-European% 20Union. pdf.

③ Wolfgang Röhrig and WgCdr Rob Smeaton, "Cyber Security and Cyber Defense in the European Union：Opportunities, Synergies and Challenges", Cyber Security Review, Summer, 2014, pp. 25 – 27.

年的《关于电信行业个人数据处理与个人隐私保护的指令》）。数据保护指令旨在确保只能在严格条件下收集个人数据，并将其用于合法目的，收集和管理个人数据的机构也必须使之免于被滥用。电子隐私指令旨在确保所有的网络通讯机构必须尊重基本人权，特别是隐私权，它在2009年获得修订，以确定用更加清晰的规则来保护消费者隐私权，对cookie 的使用也做了相应的规定。然而，在新条例通过之前，欧盟1995年版的数据保护指令已有21年的历史，新的沟通方式（比如线上社交网络）已经显著改变了人们分享个人信息的方式，云计算也意味着更多的数据被远程储存在计算机服务器而非个人电脑上，因此对数据保护指令的改革也就提上了日程。2016年4月，欧洲议会投票通过了《数据保护通用条例》。该条例2018年生效后取代了1995年发布的《欧盟数据保护指令》，旨在统一成员国间有关数据保护的不同规定和消除执法分歧，建立统一的、直接适用于所有欧盟成员国的欧洲数据保护法，将适用的主体范围扩大到境外企业。新的数据保护规则将确保个人能在其数据被处理前收到明确信息，并将强化个人的"被遗忘权"。这意味着，如果你不希望个人数据被处理，那么公司再保留这些数据就是非法的。新的规则也将保证获取个人数据的自由度和便捷性，让用户在服务供应商之间传输个人数据变得更容易，这就是所谓的"数据可携带原则"。改革还要求，如果数据遭到意外或非法破坏、丢失、改变，相关机构应当在72小时之内通知个人和数据保护主管单位。[①]

二、与成员国的合作

作为一个超国家机构，欧盟与成员国在治理方面的合作一直都颇

---

① Věra Jourova, "How does the Data Protection Reform Strengthen Citizens' Rights?", European Commission Fact Sheet, January 2016, http://ec.europa.eu/justice/data-protection/document/factsheets_2016/factsheet_dp_reform_citizens_rights_2016_en.pdf.

具特色。在网络安全问题上，欧盟如何发挥统筹协调作用、成员国如何让渡主权，这些问题都值得探究。正如欧盟在 2013 年 2 月颁布的《欧盟网络安全战略》中指出的那样，成员国是维护网络空间安全的主力，负责确立网络安全政策和法律框架，组织有效的拦阻网络威胁行动，对网络事故和攻击及时做出反应。

欧盟 28 个成员国的网络安全治理情况参差不齐。以各国应对网络威胁的法律和政策框架基础——网络安全战略为例，截至 2016 年 2 月，有 22 个成员国已出台网络安全战略。① 但是，已出台战略文件的国家在治理水平上存在很大差异，许多只是高层的模糊表态，缺乏明确的实施计划。仅有少数国家更新过最初的战略，大部分国家都未对战略进行过修订和完善。同样，只有少数国家为战略配套了相应的立法和政策工具，以满足有关安全、信息分类义务和关键基础设施保护的要求。类似的差异还表现在网络安全管控主体、公私伙伴关系、网络安全教育等诸多领域。② 这些差异也影响了欧盟层面网络安全治理的效率。比如，2013 年 2 月，欧盟委员会在推出《欧盟网络安全战略》的同时，还提出了适用于所有成员国的网络安全最低标准——网络与信息安全指令（草案）。该指令旨在借助法律措施提高欧盟网络安全的整体水平，要求各成员国制定网络安全战略，加强信息共享方面的合作，改变当前以自愿为基础的信息共享机制，确保在能源、交通、银行和医疗等关键行业的网络风险管理水平等。但成员国对指令的内容存在分歧，英国等多

---

① ENISA, "National Cyber Security Strategies in the World", https://www.enisa.europa.eu/activities/Resilience-and-CIIP/national-cyber-security-strategies-ncsss/national-cyber-security-strategies-in-the-world.

② BSA the Software Alliance Report, "EU Cybersecurity Dashboard: A Path to a Secure European Cyberspace", 2015, http://cybersecurity.bsa.org/assets/PDFs/study _ eucybersecurity _ en.pdf.

数成员国仍赞成采取自愿非强制措施，而德国则倾向加强管制。① 正是因为这些分歧的存在，直到 2015 年 12 月，欧洲议会和欧盟理事会才就该指令的内容达成一致。

成员国对网络安全重视程度的差异和网络与信息安全指令的"难产"均从侧面反映出欧盟推动成员国合作的必要性。事实上，为推动成员国间的合作，欧盟已经在以下几个方面做出了努力：

其一，为推动达成共识，借助指令等灵活性较强的政策法规形式，赋予成员国充分的选择权。指令是欧盟最常见的立法形式，允许成员国根据自身情况采取不同方式和手段去实现特定目标。欧盟 1/3 以上的网络安全政策法规以指令形式出现，内容涉及数据和隐私保护、电子签名、电子商务、远程金融服务、数据存储、关键信息基础设施保护等多个领域。② 尽管指令对成员国的约束力不及决定和条例，但至少为成员国确定了某一特定领域所要达到的目标，有助于推动成员国网络安全实践的协同化。

其二，通过 ENISA 组织、协调各成员国的信息安全战略规划、基础设施保护和应急响应等。该机构成立于 2004 年，总部设在希腊的伊拉克利翁，是欧盟各成员国在网络信息安全领域的指导机构，目前正扮演着越来越活跃的角色。根据欧盟委员会 2017 年 9 月提出的网络安全改革方案，ENISA 将拥有永久授权（permanent mandate），以确保其不仅可以继续向成员国提供专业技术和建议，还可以在实际操作中应对网络安全问题，后者此前一直由成员国负责。造成这一改变的原因是，

① Pearse Ryan, "EU Network and Information Security Directive: Is It Possible to Legislate for Cyber Security?", October 2014, http://www.mondaq.com/ireland/x/349932/data + protection/ EU + Network + And + Information + Security + Directive + Is + It + Possible + To + Legislate + For + Cyber + Security.

② 林丽枚："欧盟网络空间安全政策法规体系研究"，《信息安全与通信保密》2015 年第 4 期，第 30 页。

2016 年通过的 NIS 指令创立了成员国计算机安全事件应急小组网络（a Network of Member State Computer Security Incident Response Teams），该网络的秘书处由 ENISA 负责，欧盟委员会希望 ENISA 未来能帮助成员国落实 NIS 指令。此外，改革方案还创立了欧盟首个以自愿为基础的 ICT 产品网络安全认证框架，ENISA 将在认证方案的准备方面扮演重要角色。欧盟委员会提供的数据显示，2017 年 ENISA 的预算为 1120 万欧元，共有 84 名工作人员；改革后，其预算和工作人员将分别增至 2300 万欧元、125 人。①

其三，在《欧盟网络安全战略》中对成员国做出具体要求或者建议，推动成员国政府、私营企业及公民之间在网络安全领域的多方合作。比如，在提高网络弹性方面，责成（oblige）各成员国建立网络安全的相应职能机构，成立计算机安全应急响应小组（CERT），制定网络安全最低标准和国家网络安全战略。在减少网络犯罪方面，敦促尚未批准《布达佩斯网络犯罪公约》的成员国尽快批准和执行该公约，以此作为打击网络犯罪的立法依据；建立专项资金，支持成员国开展网络漏洞分析，提升网络调查和取证能力，协助各成员国成立本国的网络犯罪中心。

三、非国家行为体的影响

非国家行为体在欧盟安全政策和安全话语的建构中一直扮演重要角色。本书将着重介绍欧盟与公民社会组织、私营部门在网络安全治理问题上的协作。

（一）激励私营部门参与网络安全治理

欧盟注重从制度层面激励私营部门参与网络安全治理，同时借助市

---

① European Parliament, "ENISA and a New Cybersecurity Act", January 16, 2018, http://www.europarl.europa.eu/thinktank/en/document.html? reference = EPRS_BRI（2017）614643.

场的"无形之手"推动私营部门自觉参与到网络安全风险防范中来。对于私营部门在网络安全治理中的重要性，欧盟在其 2013 年发布的网络安全战略中指出，私营部门拥有并操纵着网络空间的重要部分，所以任何旨在该领域内获得成功的倡议都必须认识到它所能发挥的主导作用（leading role）。

在提高网络弹性方面，欧盟委员会指出，应提高私营部门的参与水平和应对能力，私营部门应该在技术层面具备网络弹性，并在各个部门分享最富成效的实践活动；私营部门开发的用于应对事故、查明原因并开展法律调查的工具，也应该让公共部门受益；法律义务既不应替代、也不能阻止公共部门和私营部门之间非正式和自愿的合作。① 在组织层面，欧盟曾搭建负责与私营部门合作的平台——欧洲网络弹性公私伙伴关系（EP3R）。该伙伴关系开始于 2009 年，结束于 2013 年 4 月，是首个在泛欧洲层面借助公私伙伴关系（PPP）应对通讯行业跨境安全和弹性问题的平台。EP3R 的参与者在多次讨论的基础上做出承诺并得出结论：PPP 可以应对不同类型的复杂问题，它没有模式化的特征，但可以适应不同的环境和议题；PPP 可以实现决策角色的再平衡，有利于私营部门；自下而上的方法对于达到预期效果和维持参与者的兴趣都是至关重要的。② 在实践层面，自 2012 年起，欧盟开始和成员国、私营部门共同开展网络模拟演习。③ 演习不仅是要测试参演方的技术、战术和战略

---

① European Commission, "Cybersecurity Strategy of the European Union: An Open, Safe and Secure Cyberspace", p. 5, https://eeas.europa.eu/archives/docs/policies/eu-cyber-security/cybsec_comm_en.pdf.

② ENISA, "EP3R2010 - 2013: Four Years of Pan-European Public Private Cooperation", November 2014, file:///C:/Users/MAC/Desktop/EP3R% 202009 - 2013% 20Future% 20of% 20NIS% 20Public% 20Private% 20Cooperation.pdf.

③ 欧洲首次全欧范围内的模拟网络演习于 2010 年举行，当时仅有欧盟的 22 个成员国和冰岛、挪威、瑞士等非欧盟成员国的代表参加，私营机构的代表并未参加首次演习。该演习每两年举行一次。

水平，而且是为了评估欧盟在网络安全方面的合作效率。在"网络欧洲2014"（Cyber Europe 2014）的模拟演习中，参演人员包括各国的网络应急机构、电信、能源企业、网络安全部门、金融机构、互联网服务提供商，以及其他私营公司和公共组织。

欧盟将开发网络安全工业和技术资源作为网络安全战略的五大重点之一。欧盟委员会提出，只有价值链上的各个参与者（设备制造商、软件开发商、信息服务供应商等）都将安全性能作为优先考虑的事宜，才能使产品具备高水平的安全性；建议采取两方面的举措刺激欧洲市场对网络安全产品的需求，进而带动私营部门提高产品安全性能的积极性。一方面，应为安全的 ICT（信息和通讯技术）解决方案的开发和应用创造理想的市场条件，建立激励机制，促进各成员国采取一致的方法，以避免对企业造成区位劣势的差异。另一方面，支持安全标准的制定，帮助实现云计算领域的自愿认证计划，同时考虑开展数据保护的必要性。①

此外，欧盟委员会还致力于通过 PPP 推动欧洲网络安全产业的发展，使之更具创新性和竞争力。欧盟委员会认为，网络安全市场是信息通讯领域发展最迅速的市场之一，孕育着巨大的经济机遇，但欧洲的网络安全产品和服务市场却处于碎片化的状态，导致的后果是，本土企业常常因规模太小而不具有国际竞争力，欧洲公民和企业为了保护其线上活动不得不依赖域外解决方案。鉴于此，欧盟委员会在 2015 年 5 月推出"单一数字市场战略"（Digital Single Market Strategy），指出该战略的落实每年可以给欧盟经济带来 4150 亿欧元的收益，并创造数十万个新就业机会。为了实现这一战略，欧盟委员会和欧洲网络安全组织（EC-

① European Commission, "Cybersecurity Strategy of the European Union: An Open, Safe and Secure Cyberspace", pp. 12 – 14, https://eeas.europa.eu/archives/docs/policies/eu-cyber-security/cybsec_comm_en.pdf.

SO）① 于 2016 年 7 月签署了建立欧洲网络安全 PPP 的行动计划。该行动计划的目标是通过创新、建立成员国和私营部门之间的互信以及为网络安全产品协调供需等，提高欧洲的竞争力，克服网络安全市场碎片化的问题。②

（二）吸纳公民社会的建议并接受监督

随着欧盟合法性危机的出现，从 20 世纪 90 年代末开始，政治家和学者们越来越重视公民社会参与欧盟治理的重要性。③ 网络安全治理是一个以多利益攸关方参与为特色的领域，公民社会在治理中的重要性更为凸显，因此欧盟非常重视公民社会在网络安全治理中的作用，在其 2013 年公布的网络安全战略中 5 次提到公民社会，强调要营造开放、自由和安全的网络空间需要公民社会、私营部门和国际合作伙伴的共同努力。不过，欧盟对公民社会和私营部门的态度和要求却存在差异，在同一份战略报告中，私营部门被提到的次数更多（43 次），并且在提高网络弹性、开发网络安全工业和技术资源等方面，私营部门还被赋予特殊的使命。这些差异是由公民社会、私营部门本身的特点及其在安全治理中所能发挥的作用决定的。

作为欧盟治理民主化的重要推动力量，公民社会在参与欧盟网络安全治理的进程中主要发挥提供信息、建议和监督执行的作用，其关注的议题集中在与民主、人权等联系最紧密的数据和隐私保护等方面。就参

---

① 欧洲网络安全组织（ECSO）是一个由互联网领域的企业、研究中心、大学、终端用户、运营商以及公共管理机构组成的行业协会。

② European Commission，"EU Cybersecurity Initiatives，Working towards a More Secure Online Environment"，January 2017，p. 3，http：//ec. europa. eu/information _ society/newsroom/image/document/2017 – 3/factsheet_cybersecurity_update_january_2017_41543. pdf.

③ 学术界对公民社会的概念一直都持有争议，本书在此借用 2001 年《欧盟治理白皮书》对公民社会的定义：公民社会包含工会和企业主协会、非政府组织、职业协会、慈善团体、民众组织、地方市民团体及宗教团体等。在此定义中，私营部门没有被列入其中。

与途径而言，欧盟公民社会主要借助制度化（公民对话等）、半制度化（民意调查、网络参与等）、非制度化（政治游说、建立思想库、开展学术论坛等）的方式。①

本书以近几年来公民社会对欧盟数据保护法规改革的影响为例来阐释其在欧盟网络安全治理中发挥的作用。2012 年，欧盟委员会提出改革数据保护法规（即 1995 年出台的《数据保护指令》），以适应科技迅速发展带来的新变化，帮助欧盟民众进一步保护个人信息，等等。但该改革草案的出台引发了谷歌、脸谱等一些国际互联网巨头的担忧，它们认为这些数据和隐私保护方面的新规会让其遭到越来越严格的监管限制，一些成员国也对草案的部分内容表示不满。在它们的推动下，改革草案提出后的短短两年内（2012—2014 年）就已经有 4000 多处遭到修改。② 按照程序，欧盟委员会（European Commission）、欧洲议会（European Parliament）、欧盟理事会（Council of the European Union）需要分别通过改革草案文本，才能开启三方对话，就最终的版本展开讨论。其中，欧盟委员会 2012 年 1 月提出改革草案的最初版本，欧洲议会 2014 年 3 月批准了仅做出少量修改的草案文本。由各成员国代表组成的欧盟理事会内部分歧最大，对草案文本做出的改动也最多，并且本计划于 2015 年夏季公布的修改版本在当年年初就被提前泄露，其内容引起公民社会组织的强烈不满。③

以 EDRi 为首的四家欧洲公民社会组织于 2015 年 3 月联合发布了一

① 张萌："欧盟公民社会政治参与的途径及其影响分析"，南开大学硕士学位论文，2010 年，第 29 页。

② Anh Nguyen, "New EU Data Protection Laws 'Could be Most Strict in the World' in Current Form, Says Sophos", *Computerworld UK*, October 2, 2014, http://www.cso.com.au/article/556502/new-eu-data-protection-laws-could-most-strict-world-current-form-says-sophos/.

③ Loek Essers, "EU Data Protection Reform 'Badly Broken', Civil Liberty Groups Warn", *IDG News Service*, March 3, 2015, http://www.cio.com/article/2892173/eu-data-protection-reform-badly-broken-civil-liberty-groups-warn.html.

份报告，指出欧盟理事会的修改版本正试图去掉改革草案最核心的内容，"所做的修改会降低欧盟数据保护的现有水平，甚至会低于欧盟条约中要求的标准"。比如，在欧盟理事会的修改版本中，国家有权以维护国家安全、防御和公共安全为由或者为了其他符合公众利益的重要目标获取个人信息，"这些是欧盟委员会提出的改革草案中的内容，但在欧洲议会的修改版中已经被删除，欧盟理事会又重新将它们列入草案修改版中"。EDRi 等公民社会组织认为，"这基本上等于给政府提供了一张空白支票，允许它们以各种借口记录公民的数据和隐私，并根据它们的线上政治活动将那些不符合'正常'标准的公民列入黑名单"。①

为了引起欧盟高层的关注，2015 年 4 月 21 日，以 EDRi 为首的全球 60 多家公民社会组织（均为非政府组织，含欧洲非政府组织 36 家）联名向欧盟委员会主席容克（Jean-Claude Juncker）发出电邮，指出欧盟理事会的修改版本违反了时任欧盟委员会副主席维维亚娜·雷丁（Vivianc Reding）此前对数据保护做出的承诺——"带领欧洲公民和企业进入数据时代，同时不降低自 1995 年以来就已存在的数据保护高标准"，要求欧盟委员会在欧盟委员会、欧洲议会、欧盟理事会举行三方磋商前做出及时答复。这些来自世界各地的非政府组织表示，它们都非常关心欧盟理事会对数据保护法规的改革情况，因为欧洲的数据保护框架不仅对于保护欧洲公民、建立对欧洲企业的信任很重要，而且对于在全球层面建立数据和隐私保护的国际标准也很重要。邮件还指出，如果欧盟委员会不能维持 1995 年指令中的数据保护水平，那么违背的不仅是其此前的承诺，还有《欧盟基本人权宪章》第八条的规定，即对个人数据权的保护是个人的基本权利。②

① EDRi, Access, Panoptykon Foundation, and Privacy International, "Data Protection Broken Badly", March 3, 2015, pp. 1 - 4, https: //edri. org/files/DP_BrokenBadly. pdf.

② Email Sent to President of the European Commission Juncker, April 21, 2015, https: //edri. org/files/DP_letter_Juncker_20150421. pdf.

公民社会组织提出的质疑和批评很快引起了欧盟官方的重视。2015年5月27日，欧洲数据保护监督专员（EDPS, European Data Protection Supervisor）① 乔瓦尼·布特拉里（Giovanni Buttarelli）邀请联名信的签署方参加有关数据保护改革方案的专门会议，最终 EDRi 等六家公民社会组织的代表参加了会谈。乔瓦尼·布特拉里在会谈中表示，"EDPS将致力于引导立法者找到正确的解决方案，并且在达成政治妥协的过程中确保关键的保护措施不被削弱。和公民社会组织一样，我们相信改革必须聚焦个人的权利"。②

在 EDPS 的推动下，欧盟理事会的成员于 2015 年 6 月中旬达成妥协，使其与欧盟委员会、欧洲议会的首轮三方会谈得以在同年 6 月 24日开启。欧洲议会数据保护草案修改稿的总起草人简·阿尔布雷希特（Jan Albrecht）表示，三方文本的相似之处超出了之前的想象，当然也有很多需要克服的差异，特别是在消费者的权利和数据掌控者的义务方面。③ 在各方的共同努力下，2015 年 12 月 15 日，欧盟三家机构就数据保护改革达成政治层面的一致，最终文本于 2016 年 4 月获得欧洲议会的批准。在之后两年的过渡期内，欧盟委员会和成员国数据保护机构一起推动新规在各国的应用，同时告知公民和企业它们的权利与义务。④

---

① 欧洲数据保护监督专员（EDPS）既是机构名称，也是该机构负责人的头衔名称。它是欧盟专门从事个人数据和隐私保护的独立监管机构，定期同参与数据保护法规改革的三家欧盟机构举行会谈。现任欧洲数据保护监督专员是乔瓦尼·布特拉里（Giovanni Buttarelli），2014 年 12 月上任，任期五年。

② EDPS Press Release, "EU Data Protection Reform: the EDPS Meets International Civil Liberties Groups", Brussels, June 1, 2015, https://secure. edps. europa. eu/EDPSWEB/webdav/site/mySite/shared/Documents/EDPS/PressNews/Press/2015/EDPS - 2015 - 04 - EDPS_EDRI_EN. pdf.

③ Julie Levy-Abegnoli, "EU Data Protection Reform Expected by End of Year", June 25, 2015, https://www. theparliamentmagazine. eu/articles/news/eu-data-protection-reform-expected-end-year.

④ European Commission Press Release, "Agreement on Commission's EU Data Protection Reform will Boost Digital Single Market", Brussels, December 15, 2015, http://europa. eu/rapid/press-release_IP - 15 - 6321_en. htm.

这一过程说明，公民社会在参与欧盟网络安全治理的进程中充分发挥了建议和监督的作用，同时欧盟也有完善的沟通机制，听取公民社会的建议和接受监督。而且，欧盟在透明度建设方面也较为超前，无论是公民社会组织的分析报告、给欧盟官员的联名信，还是欧洲数据保护监督专员与公民社会组织的会谈材料，均可在相关网站查询下载。

四、与域外力量的合作

欧盟①与域外力量在网络安全方面的合作是其网络外交的一部分。在欧盟理事会 2015 年 2 月通过的"关于网络外交的理事会结论"中，欧盟确立了其网络外交的六大重点：推进和保护网络空间人权、将现有国际法适用于网络空间、互联网治理、提高欧盟的竞争力和促进繁荣、加强能力建设、与重要伙伴国和国际组织开展战略合作。②

欧盟的网络安全对外合作已形成灵活的多层级路径，以双边合作为主。欧盟在双边层面开展的网络安全合作可以分为两类。一类是针对不发达国家的网络安全对外援助。比如，欧盟通过资助、援建等方式，帮助东欧、非洲的一些经济欠发达国家建设信息通信基础设施，以增加网络传播的覆盖面积。③ 此类合作在推广欧盟特色文化和价值观方面的效果最为直观。另一类是与其关键伙伴国（特别是有着共同价值观的伙伴

①　欧盟对外行动署（EEAS）和欧盟委员会负责与成员国协调在网络安全领域的对外活动。

②　Council of the European Union, "Council Conclusions on Cyber Diplomacy", adopted on February 10, 2015, p. 12, http://data. consilium. europa. eu/doc/document/ST－6122－2015－INIT/en/pdf.

③　唐小松、王凯："欧盟网络外交实践的动力与阻力"，《国际问题研究》2013 年第 1 期，第 57 页。

国）开展的网络安全合作。欧盟将其与关键伙伴国的更紧密合作视为实现其在网络空间政治、经济和战略利益的重要方式。① 当前，欧盟正通过与美国、中国、印度、日本等国的对话来实现上述目标。

与关键伙伴国的合作中，欧美间的网络安全合作水平最高，双方在网络安全方面开展的对话和达成的协议超出了欧盟和其他伙伴国。事实上，欧美间的网络安全合作也是唯一真正的战略伙伴关系。② 双方认为，它们在网络安全领域合作的基础包括：共享的价值观，对开放和可交互操作的互联网的兴趣，对多利益攸关方互联网治理模式、互联网自由、保护网络空间人权的承诺。根据白宫网站上的介绍，美欧在网络安全领域的合作包括三个方面。③ 第一，双方在 2014 年的美欧峰会上宣布开启高级别的网络对话。该对话致力于推动美欧在线上人权的保护、网络空间行为规范、网络安全信心建立措施、现有国际法的适用、第三方国家的网络安全能力建设等议题上的协作。第二，美欧关于网络安全和网络犯罪的工作组。该工作组成立于 2010 年美欧里斯本峰会期间，聚焦网络事故管理、公私合作伙伴关系、网络安全意识提高和网络犯罪四大领域。2011 年 11 月，工作组在布鲁塞尔开展了跨大西洋网络演习——这是欧盟和非欧洲合作伙伴首次开展这种演习，之前在 2010 年欧盟刚刚开展了首次泛欧洲演习。工作组还聚焦关键基础设施保护、提高域名安全和在全球推广《布达佩斯网络犯罪公约》等。第三，信息社会对话。该对话旨在协调美欧在通讯和信息政策方面的关系，有关的

---

① Council of the European Union, "Council Conclusions on Cyber Diplomacy", adopted on February 10, 2015, pp. 5 - 9, http: //data. consilium. europa. eu/doc/document/ST - 6122 - 2015 - INIT/en/pdf.

② Thomas Renard, "The Rise of Cyber-diplomacy: the EU, Its Strategic Partners and Cyber-security", European Strategic Partnerships Observatory, working paper 7, June 2014, p. 22, http: //www. egmontinstitute. be/content/uploads/2014/06/ESPO-WP7. pdf? type = pdf.

③ The White House, "U. S. - EU Cyber Cooperation", March 26, 2014, https: //www. whitehouse. gov/the-press-office/2014/03/26/fact-sheet-us-eu-cyber-cooperation.

讨论主要围绕互联网治理、跨境数据流动/云计算、数据保护/数据隐私、无线波谱管理、研发合作、第三国的市场准入等话题展开。

不过，欧美间的网络安全合作并非总是一帆风顺的。2013 年斯诺登曝光美国"棱镜"监听项目后，欧洲媒体报道称，美国情报机构大规模监听意大利、法国、德国、西班牙的电话通话，其数量多达千万次，甚至连德国总理默克尔的手机都已被美国情报机关监听，这在欧洲引起轩然大波。欧洲向美国提出严正交涉，认为监听行为侵犯了欧洲民众的数据和隐私权利。在奥地利学者施雷姆斯（Max Schrems）的推动下，欧洲法院 2015 年 10 月做出判决，裁定欧美 2000 年签署的关于自动交换数据的《安全港协议》不能保护欧盟国家公民的数据安全，应当废止。这一事件意味着，脸书、谷歌、亚马逊等美国网络科技公司不能再受该协议的保护，将欧洲用户数据输往美国存贮及分析。[1] 但正如一些观察人士所言，斯诺登事件并未动摇欧美战略合作的根基。2016 年 2 月 2 日，欧美谈判代表就一项新的数据传输协定达成一致。根据这份名为欧美隐私盾牌协定（the Privacy Shield Pact）的规定，用于商业目的的个人数据从欧洲传输到美国后，将享受与在欧盟境内同样的数据保护标准。美国政府部门承诺将严格履行协定中的要求，保证美国国家安全部门不会对来自欧洲的个人数据开展大规模监控。欧盟委员会表示，新协定满足了欧洲法院裁定中的要求。2016 年 7 月，该协定开始生效。

与欧美以结果为导向的合作相比，欧盟与中国在实际操作层面的合作较少，双边对话更多是以进程为导向，目的是为了推进互信、减少摩擦、弥补多边层面合作进程缓慢的不足等。中欧于 2012 年 2 月在北京召开的双边峰会上成立了中欧网络工作小组，以最大限度地发挥信息通

---

① 赵小娜、梁淋淋："欧美数据《安全港协议》无效"，新华社，布鲁塞尔 2015 年 10 月 6 日电，http://news.xinhuanet.com/zgjx/2015 - 10/08/c_134690516.htm。

信技术以及互联网在促进经济和社会发展方面的积极作用，并就共同面临的风险交换意见。在该工作小组 2014 年 11 月召开的会议上，双方就政府在网络空间的角色以及现有国际法在网络空间的适用性等问题重申了各自的观点。从欧盟方面披露的政策报告中可以看出，欧盟对中国网络安全政策最大的担忧在于，中国政府的监管措施会对贸易构成障碍。比如，欧盟方面认为，2016 年 1 月 1 日开始生效的《中华人民共和国反恐怖主义法》给进入中国市场的外国 IT 企业造成了不利的竞争环境，因为该法要求在华 IT 企业的服务器和用户数据都必须在中国境内、为执法机关提供技术支持并且监控与恐怖主义相关的互联网内容等。① 对此，中国外交部回应称，在反恐法的立法进程中，中方充分研究并参照了有关国家法律规定和国际通行做法，将保护合法，防范非法；有关规定不会影响企业的合法经营活动，也不会影响公民和组织的合法权益。② 关于现有国际法在网络空间的适用性，中欧也有一定分歧，虽然双方均同意联合国宪章和国际人道主义法可以适用于网络空间，但欧盟认为，应当进一步思考如何适用的问题，特别是如何对待网络空间的主权和国家责任的问题。这些分歧在一定程度上影响了中欧在打击网络犯罪问题上的合作。双方就网络犯罪问题提出的信息分享和案件处置等方面的合作建议都未能获得落实，部分是因为欧盟方面担忧这些会给人权保护造成不利影响。而且，欧盟支持在《布达佩斯网络犯罪公约》的基础上开展执法合作，但中国不是该公约的签署国。③

---

① European Parliamentary Research Service, "Cyber Diplomacy EU Dialogue with Third Countries", June 2015, pp. 4 – 5, http：//www. europarl. europa. eu/RegData/etudes/BRIE/2015/564374/EPRS_BRI（2015）564374_EN. pdf.

② 引自 2016 年 3 月 1 日中国外交部发言人洪磊在例行记者会上的讲话，http：//www. fmprc. gov. cn/web/fyrbt_673021/t1344327. shtml.

③ European Parliamentary Research Service, "Cyber Diplomacy EU Dialogue with Third Countries", June 2015, p. 5, http：//www. europarl. europa. eu/RegData/etudes/BRIE/2015/564374/EPRS_BRI（2015）564374_EN. pdf.

欧盟将印度视为可以争取的"摇摆国家"，欧印网络对话机制是在2010年的双边峰会上确立的。一方面，欧印虽在很多议题上存在共识，但印度对《布达佩斯网络犯罪公约》的态度却极大地削弱了双方合作的基础。印度认为公约未能充分反映发展中国家的立场，因此迟迟未能签署公约。在互联网治理方面，尽管印度认可多利益攸关方模式的有效性，但它仍希望确保政府在该模式中的主导地位，一些分析人士将其描述为"巧多边主义"（smart multilateralism）。另一方面，欧盟也将印度视为可以拉拢的对象。原因是，印度没有对中俄提出的信息安全行为准则表现出强力支持的态度。

与中、印相比，日本和欧盟在网络安全问题上的共识较多。双方的网络对话机制是在2014年5月的双边峰会上确立的，目的是推动双方在网络空间的合作，交流各自的经验和知识。日本是第一个批准《布达佩斯网络犯罪公约》的亚洲国家，双方在网络安全治理的多利益攸关方模式、现有国际法在网络空间的适用性等问题上有很多共识。

此外，欧盟也在联合国、ICANN、国际电信联盟、经合组织和八国集团等多边平台开展网络安全合作。欧盟在这些多边平台一方面反对中俄提出的由联合国接管全球网络安全治理权的提议，在支援发展中国家网络发展和缩小数字鸿沟问题上态度不积极；另一方面，支持 ICANN 和互联网治理论坛壮大以削弱美国的网络霸权，积极倡导欧盟的多利益攸关方模式和自由民主的网络价值观，并积极推广《布达佩斯网络犯罪公约》。由于各方治理主张存在较大分歧，这些围绕网络安全开展的多边讨论往往效率低下，进展缓慢。

在地区层面，欧盟主要以北约为对象开展网络安全合作。欧盟是北约最重要的合作伙伴，北约在一定程度上为欧盟提供防务和安全等公共产品，两个组织的关系密切且复杂。欧盟积极参与北约的网络安全多边合作，保持与美国等盟友在北约开展的网络演习行动中的密切关系，为欧盟提供更加坚实的网络防御保障。2016 年，欧盟与北约签订了网络安全合作技术协议，以提高网络安全威胁态势感知能力。欧盟对外行动署副秘书长佩德罗·塞拉诺（Pedro Serrano）在协议签订后表示，欧盟网络防御政策框架的五个优先事项之一就是"加强与北约的网络安全合作"，使双方能避免、防范和有效应对网络攻击和网络威胁。除了寻求与北约、欧安组织的更紧密合作外，欧盟还在其网络安全战略中表达了与其他地区组织（非盟、东盟或美洲国家组织）加强合作的承诺，但相关合作进展缓慢。

总体而言，进入 21 世纪第二个十年后，欧盟的网络安全国际合作开始提速，但目前仍处于初始阶段。欧盟网络安全战略伙伴关系的基础仍较为薄弱，在双边峰会和部长级会议中，网络安全仍然处于被边缘化的地位。欧盟尚未与伙伴国发布专门针对网络安全问题的联合声明，而在恐怖主义或核不扩散领域，类似的声明早已存在。而且，网络安全并不是欧盟与伙伴国（包括美国在内）双边日程的主要部分，在确立双边重要政治议题的文件中往往很少或根本没有提及网络安全。[1] 当然，随着全球网络安全形势的发展，上述情况也会发生改变。比如，欧盟—中国 2013 年 11 月推出的"中欧合作 2020 战略规划"就包含与网络安全有关的内容。而欧盟和巴西在 2014 年的峰会上也宣布，网络安全和互联网治理将成为它们更新后的联合行动计划的内容。

第四节　欧盟网络安全治理的特点

欧盟的网络安全治理无论是在制度设计、机构设置方面，还是在同

---

[1] Thomas Renard, "EU Cyber Partnerships: Assessing the EU Strategic Partnerships with Third Countries in the Cyber Domain", *European Politics and Society*, January 2018, p. 15.

非国家行为体的协作方面，都有很多可圈可点之处，欧盟对数据和隐私的保护更是引领全球趋势。具体而言，欧盟网络安全治理的特点包括以下几个方面：

第一，在规则治理的形式方面，欧盟的网络安全治理以官方层面正式的制度安排为主体。欧盟已经拥有非常成熟的网络安全政策法规体系，其制度安排形式多样，其中既包括具有最高法律效力、直接适用于欧盟公民的"条例"，也有对发布对象具有强制性，直接适用于成员国、公司及个人的"决定"，还有仅属于欧盟理事会和欧洲议会表达政治意愿的意向性声明的"决议"。总体而言，有关规则仍以正式的制度安排为主体，这使其政策法规具有执法上的权威性。但是，作为政府间国际组织，欧盟在网络安全领域的制度安排亦有其局限性，比如有关的内容主要集中于与贸易和通讯相关的低政治领域，与国家主权有直接关系的高政治领域（诸如敏感信息分享等）往往很难涉及。①

第二，在规则治理的内容方面，欧盟将网络犯罪、网络恐怖主义、数据和隐私保护当作治理重点。与北约相比，网络防御是欧盟的"弱项"。欧盟 28 个成员国当中，绝大多数都是北约成员国，它们更倾向于在北约讨论该问题，但美国掌握话语权的北约可能会分化欧盟成员在该问题上的立场。作为一个以集体防御为基础的军事联盟，北约主要从各国安全和集体安全的角度思考网络安全问题，有关的论述更加接近于传统安全，以军事为基础。欧盟则主要关注非军事方面（互联网自由和治理、线上权利和数据保护）与内政安全方面，在网络安全防御方面是"后来者"。欧盟只是在 2008 年首次将网络威胁作为关键挑战，指出除了经济和政治角度外，还可以从军事角度考虑网络威胁。

第三，在关系治理方面，欧盟建立了较为健全的网络安全治理机

① Krzysztof Feliks Sliwinski, "Moving beyond the European Union's Weakness as a Cyber-Security Agent", *Contemporary Security Policy*, 35: 3, 2014, p. 481.

制，欧盟官方机构和各成员国政府是治理主体。其中，欧洲网络与信息安全局负责收集和分析网络安全威胁情况，向欧盟和各成员国提供分析结果、促进欧盟和成员国之间合作、协助欧盟开展国际合作等。欧盟理事会与欧洲议会扮演监督和审查的角色。各成员国政府是维护网络安全的主力，负责处理网络协调、网络犯罪和网络防御，确立网络安全政策和法律框架，对网络事故和攻击及时做出反应。欧盟非政府组织也积极做出贡献，并经常与欧盟官方展开互动。比如，由欧洲安全企业组成、2013 年 5 月成立的欧洲网络安全组织，就结合企业的一线经验向政府提供网络防御及跨境信息共享等方面的建议。但也必须指出，欧盟仍是在以碎片化的方式应对网络安全问题，政出多门的情况同样存在。[①] 监管机构之间的权力界限不太清晰，各政策领域都有自己的网络安全管理机构。欧盟在网络信息安全部门、执法部门和防务部门这三个部门的决策权力各不相同，尤其是在防务领域，决策权属于各成员国。在决定是否共享网络防务信息的问题上，成员国有各自的顾虑，欧盟难以有所作为。

第四，非国家行为体能够发挥建议和监督作用。欧盟拥有较为完善的沟通机制，听取并吸纳公民社会的建议，接受后者的监督。与非盟、东盟相比，欧盟与公民社会组织的沟通与合作更具有主动性和积极性。欧盟对私营部门的重视程度更高，赋予它们在开发网络安全工业和技术资源方面的特殊使命，并通过市场手段激励私营部门参与网络安全治理。但总体而言，非国家行为体对于欧盟决策的影响力度仍然有限。从欧盟数据保护法规改革的进程可以看出，由成员国代表组成的欧盟理事会才是法规最终能否出台的关键。

---

① Alexander Klimburg, "Cybersecurity and Cyberpower: Concepts, Conditions and Capabilities for Cooperation for Action within the EU", European Parliament Directorate-general for External Policies, April 2011, pp. 29 – 47, http://www.europarl.europa.eu/thinktank/fr/document.html? reference = EXPO-SEDE_ET（2011）433828.

最后，域外力量在欧盟的网络安全治理中发挥合作者的角色，但目前欧盟在网络安全领域的国际合作尚未被提到战略高度。这反映出欧盟对网络安全的重视程度较为有限。在双边层面上，欧盟虽然已经与战略合作伙伴美国、日本、中国、俄罗斯、印度等在网络安全问题上开展合作，但在双边峰会和部长级会议上，网络安全问题从未成为中心议题。2009 年，欧盟—美国联合声明做出共同打击网络犯罪的承诺，但该承诺是在打击跨国犯罪和恐怖主义的框架下做出的。2010 年欧盟—印度"关于国际恐怖主义的联合宣言"在反恐背景下框定网络安全，而 2010 年欧盟—韩国框架协议和 2004 年欧盟—日本"关于信息通讯技术合作的联合声明"只是简单地提到网络安全。区域间的合作更加落后，尽管欧盟网络安全战略做出了与地区组织（非盟、东盟或美洲国家组织）加强合作的承诺，但相关合作进展缓慢，在 2007 年发布的欧盟—非洲联合战略和 2012 年发布的欧盟关于东亚的指导方针中甚至都没有提到网络安全问题。[①]

总之，虽然与东盟、非盟等其他地区组织相比，欧盟对网络防御（战争）的重视程度最高，但其网络安全政策更注重的仍是民事权利，以网络犯罪和数据隐私保护为重点治理对象。欧盟是多利益攸关方治理模式的支持者和践行者，既注重发挥成员国、私营机构和公民社会在制度设计和治理实践中的作用，也积极和域外力量开展双边和多边合作。其中，欧盟将成员国视为参与网络安全治理的主体，通过决议、指令、决定、公约、条例、宣言、建议等具有不同约束力的规范对成员国做出具体要求或者建议。欧盟亦注重从制度层面激励私营部门参与网络安全治理，并借助市场的"无形之手"推动私营部门自觉参与到网络安全

---

① Thomas Renard, "The Rise of Cyber-diplomacy: the EU, Its Strategic Partners and Cyber-security", European Strategic Partnerships Observatory, working paper 7, June 2014, p. 22, http://www.egmontinstitute.be/content/uploads/2014/06/ESPO-WP7.pdf? type = pdf.

风险防范中来。同时，欧盟也有完善的沟通机制，听取公民社会的建议和接受监督。在对外合作方面，欧盟网络外交的主要目的是推广其多样性文化和核心价值观，但网络安全并不是欧盟与伙伴国（包括美国在内）双边合作的主要部分，在确立双边重要政治议题的文件中往往很少或根本没有提及网络安全。这也说明，尽管欧盟的网络安全国际合作近些年开始提速，但目前仍处于初始阶段。

第四章

东盟网络安全治理

近年来，东盟在网络安全治理方面已取得长足进步，特别是在打击网络犯罪和网络恐怖主义方面达成了多项共识，推出了一系列规划、宣言和行动计划等。如同在以往的安全治理中表现出组织和决策方式的独特性一样，东盟的网络安全治理路径也在很多方面有别于欧盟、非盟等地区组织。

第一节　相关研究的进展及不足

目前，西方国际关系学界对东盟网络安全的关注度较低，很少有专门以之为研究对象的文献。东盟学者与网络安全有关的研究成果也只是在近些年才开始逐渐增加。国内学者对东盟网络安全的研究主要集中在国别研究方面，通过分析东盟国家在网络安全治理方面的经验教训，为国内决策提供借鉴。总体而言，根据研究议题的不同，国内外涉及东盟网络安全治理问题的文献大体可以分为以下三类。

第一类是围绕东盟内部网络安全合作展开的研究，以东盟学者的研究成果为数最多。① 有关研究指出，在互联网技术已经成为全球经济和社会发展重要驱动力的情况下，东盟无法承担在网络安全方面落后的风险。东盟作为一个整体，有必要形成网络安全方面的全面策略，以提高应对严重网络威胁的弹性，即东盟及其成员国和公民针对网络事件的准备、应对能力，但东盟目前达成地区性网络安全全面框架的进程是缓慢和碎片化的。② 东盟国家需要进一步讨论如何在网络空间开展国家间以及国家与非国家行为体间的互动，以共同应对形形色色的网络威胁。③ 与欧盟和北约相比，亚太计算机应急联盟组织（APCERT）更有望成为东盟在网络安全合作方面可以借鉴的模式。这是因为，不干涉内政和国家主权原则是东盟坚持的两大基本原则，东盟没有权力干涉其成员国内政，而且多数东盟成员国都已经加入 APCERT，以 APCERT 模式为基础塑造东盟的网络安全框架难度较小。但是，APCERT 的合法性不及欧盟和北约，APCERT 的成员都只是技术实体，缺乏做出重大政策改变的政治能力；如果东盟采取 APCERT 的合作模式，它营造的合作将和 AP-CERT 的议程重叠，并且不足以在政府层面做出什么改变。④ 这些文章体现了东盟学者对开展区域内网络安全合作的积极探索与思考，但也普遍存在以下问题：相关文章多以短篇评论的形式出现，论述缺乏理论

---

① 国内对东盟网络安全的研究刚刚起步。比如，孙伟、朱启超："东盟网络安全合作现状与展望"，《东南亚研究》2016 年第 1 期，第 56—64 页；袁正清、肖莹莹："网络安全治理的'东盟方式'"，《当代亚太》2016 年第 2 期，第 80—101 页。

② Caitríona H. Heinl, "Regional Cyber Security: Moving towards a Resilient ASEAN Cyber Security Regime", RSIS Working Paper No. 263, September 2013, Caitríona H. Heinl, "Enhancing ASEAN-wide Cybersecurity: Time for a Hub of Excellence?", RSIS Working Paper No. 133, July 2013; Caitríona H. Heinl and Stephen Honiss, "Cybersecurity: Advancing Global Law Enforcement Cooperation", RSIS Working Paper No. 111, May 2015.

③ Elina Noor, "Securing ASEAN's Cyber Domain: Need for Partnership in Strategic Cybersecurity", RSIS Commentary, No. 236 - 26, November 2014, https://www.files.ethz.ch/isn/186117/CO14236.pdf.

④ Khanisa, "A Secure Connection: Finding the Form of ASEAN Cyber Security Cooperation", *Journal of ASEAN Studies*, 1: 1, 2013, pp. 41 - 53.

性、深入性和系统性；未对东盟网络安全治理的制度安排展开系统性梳理，遑论借此分析东盟在网络安全治理方面的特点；没有阐释非国家行为体在东盟网络安全治理中所扮演的角色。

第二类研究聚焦东盟与域外国家的网络安全合作。其中，有东盟学者提出，东盟应当与对话伙伴国等进一步加强合作，共同应对跨境网络挑战，并且东盟成员国应当就网络空间负责任国家行为的共同规范形成统一立场。[1] 俄罗斯学者提出，在政治动机驱动下的网络攻击日渐增加的情况下，与东盟国家达成信心建立措施（CBMs）符合俄罗斯的利益；俄罗斯和东盟国家在网络安全领域的共同利益主要与打击网络犯罪和网络恐怖主义有关。[2] 中国学者提出，网络安全是中国和东盟在网络空间治理上的最大公约数，中国与东盟开展合作的最终目标应该是使双方成为彼此网络安全的战略大后方。[3] 中国和东盟的网络空间合作需要处理各种相互交织的线上和线下矛盾，在尊重文明、文化、宗教多样性的同时，要共同应对宗教极端主义在网上日益扩大的影响力和西式言论自由极端主义在亚洲的滥觞。[4] 这些文章都强调了东盟与域外国家加强网络安全合作的重要性，但存在的共同问题是，对东盟与这些域外国家在网络安全方面的共识和分歧缺乏深入分析，对合作的具体内容也有待进一步展开论述。

第三类研究主要从国别层面探讨东盟国家的网络安全治理情况。研

---

① Caitríona H. Heinl, "Tackling Cyber Threats: ASEAN Involvement in International Cooperation", RSIS Commentaries, No. 114, June 2013, https://www.rsis.edu.sg/wp-content/uploads/2014/07/CO13114.pdf.

② PIR Center, "Common Agenda for Russia and ASEAN in Cyberspace: Countering Global Threats, Strengthening Cybersecurity, and Fostering Cooperation", Security Index: A Russian Journal on International Security, 20: 2, 2014, pp. 75 – 87.

③ 李欲晓："中国和东盟在网络空间治理上的最大公约数"，《网络传播》2014 年第 10 期，第 71—75 页。

④ 徐培喜："中国—东盟网络空间论坛：嵌入全球互联网治理的现实版图"，《网络传播》2014 年第 10 期，第 79—81 页。

究对象主要是新加坡、马来西亚、泰国等网络普及率较高的东盟国家，研究内容侧重于这些国家在网络安全方面的机制建设等。① 特别是，鉴于东南亚很多国家较为重视对信息安全的监管，一些文章专门以这些国家的网络内容管制为主题。比如，李静、王晓燕题为"新加坡网络内容管理的经验及启示"的文章指出，新加坡是世界上第一个公开宣布对互联网实行管制的国家，其在网络内容管理方面实行"三管齐下"的方针，即实施轻触式管理制度、鼓励行业自律和提高公众网络安全意识，其成功经验值得中国借鉴。此类文章以单个国家为研究重点，能较为深入地分析东盟国家网络安全制度设计的特点及其背后机理，为研究东盟整体网络安全制度设计提供了必要素材。

以上对文献的梳理表明，国内外学者对东盟部分成员国网络安全治理情况的研究已经较为深入，但对东盟整体情况的研究却刚刚起步，存在着较大的研究空间。本书将在已有研究的基础上，具体分析东盟所面临和塑造的网络威胁的特点，系统梳理东盟官方在网络安全方面的制度安排，分别评估域外大国和非国家行为体对东盟网络安全

---

① 此类文章包括 Ter Kah Leng, "Internet Regulation in Singapore", *Computer Law & Security Report*, 13: 2, 1997, pp. 115 – 119; Australian Strategic Policy Institute, "Cyber Maturity in the Asia-Pacific Region 2014", April 2014; Pinsent Masons MPillay, "Singapore Ramps up Its Cybersecurity Efforts", September 2013; Warren B. Chik, "The Singapore Personal Data Protection Act and an Assessment of Future Trends in Data Privacy Reform", *Computer Law & Security Review*, Vol. 29, 2013, pp. 554 – 575; Gary rodan, "The Internet and Political Control in Singapore", *Political Science Quarterly*, 113: 1, 1998; 刘杨钺："泰国的互联网发展及其政治影响"，《东南亚纵横》2014年第1期，第39—44页；李静、王晓燕："新加坡网络内容管理的经验及启示"，《东南亚研究》2014年第5期，第27—33页；肖永平、李晶："新加坡网络内容管制制度评析"，《法学论坛》2001年第5期，第65—71页；李加运、徐志惠："马来西亚信息安全建设综述"，《中国信息安全》2013年第12期，第84—87页；徐天晓："新加坡网络色情管制分析及对我国的启示"，北京交通大学硕士学位论文，2011年；陈氏美河："越南互联网管理模式探析"，华南理工大学硕士留学生学位论文，2011年；周济礼：新加坡电子商务信息安全建设举措，《中国信息安全》2014年第1期，第94—97页；陈鹏："东南亚国家信息安全建设新观察"，《中国信息安全》2014年第9期，第88—92页；汪炜："新加坡网络安全战略解析"，《汕头大学学报（人文社会科学版）》2017年第3期，第103—111页。

治理的影响，最后阐释网络安全治理"东盟方式"的体现及其背后机理。

第二节 东盟网络安全的现状和理念

东盟的政治稳定和贸易自由让该地区具备经济优势，但同时也让其容易遭受网络攻击。最近几年，东盟地区的互联网普及率迅速提高，使得这一情况更加严重。东盟网络安全治理的路径取决于其成员国对网络威胁的集体认同，因此有必要厘清当前东盟在网络空间面临的现实威胁及其如何在观念上建构这些威胁，即东盟网络安全的现状和理念。

第一，信息通讯技术的迅速普及给东盟国家带来了日益严重的网络安全威胁。尽管东盟是一个由小国组成的地区组织，但其成员国的信息通讯技术发展状况总体来说并不落后，新加坡、文莱、马来西亚的互联网普及率（详见表4—1）接近发达国家水平，越南、泰国、菲律宾的互联网普及率也都高于亚洲平均水平。与之相随的是，这些国家的网络犯罪事件也在持续增加。据马来西亚科技创新部下属机构"马来西亚网络安全组织"（Cyber Security Malaysia）披露，2016年该国的网络欺诈（网络犯罪的一种）案件比上年增加了20%。[1] 新加坡2016年的网络犯罪案件比上年增加43%。[2] 2018年7月，新加坡卫生部表示，该国一保健集团健康数据遭黑客攻击，150万人的个人信息被非法获取，甚至连

---

[1] Lee Lam Thye, "It's Time Malaysia Introduces Legislation to Curb Cyber Crimes", June 10, 2017, http：//www. themalaymailonline. com/what-you-think/article/its-time-malaysia-introduces-legislation-to-curb-cyber-crimes-lee-lam-thye.

[2] "Singapore 2017 Crime & Safety Report", OSAC, November 4, 2017, https：//www. osac. gov/Pages/ContentReportDetails. aspx？cid＝21644.

总理李显龙本人的门诊配药记录等也遭到外泄，这一事件被称为"新加坡遭遇的最大规模网络安全攻击"。①

第二，网络安全威胁和传统安全问题相互交织。长期存在的领土纠纷、宗教冲突、恐怖主义等传统安全挑战常常外溢到网络空间，而且网络空间的恶意活动可能加剧原有的紧张气氛，增加政府间对网络活动动机和风险的误解与误判。比如，2012年中国与菲律宾就黄岩岛问题发生对峙事件后，两国黑客分子针对对方国的网络站点实施了侵袭，袭击方式以恶意篡改网站页面为主，这就是线下的领土纠纷蔓延至网络空间的表现，有可能加深两国的不安全感和相互猜疑。事件发生后不久，菲律宾军方宣布计划建立网络作战中心，以应对日益增长的网络安全威胁。② 2015年4月，美国网络安全公司火眼（FireEye）公布报告称，名为ATP30的黑客组织在长达10年的时间里把东南亚国家和印度的政府与公司作为目标。与那些寻求经济收益的网络罪犯不同，APT30黑客似乎主要对政治、军事等相关数据感兴趣。APT30比较独特的地方在于，它将东盟地区机构整体而非单个国家作为攻击对象。APT30主要窃取与东盟整体范围事件有关的数据，在东盟峰会召开期间，这些恶意软件就表现得特别活跃。APT30还注册了类似于东盟官方网站（asean. org）的域名asean. com，希望能借此窃取互联网用户的数据。APT30攻击的长期性和简易性证实了东盟网络安全方面的不足。在过去10年中，APT30一直在运用同样的工具、手段和程序，这和其他网络罪犯为了防止被发现而定期改变攻击模式形成对比，说明东盟或者没有关注这些问题，没有能力采取应对措施，或者不愿意暴露它们容易遭到攻击的弱点。

---

① "新加坡遭最大规模网络安全攻击 李显龙信息外泄"，2018年7月22日，http：//tv. cctv. com/2018/07/22/ARTIBLOFA4mT2yVNWzUFwqW3180722. shtml。
② 相关研究可参见刘杨钺、杨一心："集体安全化与东亚地区网络安全合作"，《太平洋学报》2015年第2期，第49页。

表4—1　东盟国家的互联网普及率

（除特别标明的时间外，以下数据均截至 2017 年 12 月 30 日）

国家	人口	2000 年的互联网用户数量	互联网用户数量	互联网普及率
文莱	434076	30000	410836	94.6%
柬埔寨	16245729	6000	8005551	49.3%
印尼	266794980	2000000	143260000	53.7%
老挝	6961210	6000	2439106	35%
马来西亚	32042458	3700000	25084255	78.3%
缅甸	53855735	1000	18000000	33.4 %
菲律宾	106512074	2000000	67000000	62.9%
新加坡	5791901	1200000	4839204	83.6%
泰国	69183173	2300000	57000000	82.4%
越南	96491146	200000	64000000	66.3%
亚洲整体	4207588157	114304000	2023630194	48.1%

资料来源：https：//www. internetworldstats. com/stats3. htm，登陆时间：2018 年 4 月 3 日。

　　第三，网络安全的内涵多样。由于东盟国家在历史、文化和经济发展阶段等方面存在着较大的差异，东盟国家网络安全也各有特色。在穆斯林占人口绝大多数的印尼，政府将网络上的色情内容和反伊斯兰言论视为威胁。2008 年 4 月，印尼政府要求所有的网络服务提供商暂停视频网站的文件共享功能，以阻止一部反伊斯兰电影的传播。2009 年印尼政府又要求网络服务提供商关闭一个涉嫌侮辱伊斯兰教先知穆罕默德的漫画博客。而作为君主立宪制国家，泰国将网络上诽谤、侮辱或威胁国王及王室的行为视为威胁。因传播侮辱国王的视频，泰国政府多次关闭视频网站 YouTube。此外，泰国政府在 2011 年还逮捕了一名在博客中上传冒犯国王言论内容的美国人。但在受美国自由主义思想影响较深的菲律宾，政府就很难将上述内容建构为安全威胁。比如，2012年菲律宾国内人权组织、律师、媒体和博客写手发起的示威活动使得政府不得不推迟实施《预防网络犯罪法案》。这项法案旨在打击网上的黑客、盗窃、欺诈、滥发垃圾电邮、色情活动等，同时它也将一些在线诽谤视为犯罪行为，示威者担心该法案将导致网络自由言论审查和压制。①

第四，网络威胁的"安全化"程度有限。② 与欧美"浓墨重彩"地描述网络威胁的严重性不同，东盟及其成员国对网络威胁的描述只能用轻描淡写来形容。东盟官方文件中难以找到将网络威胁视为"存在性威胁"和首要威胁等类似的表述。迄今为止，东盟尚未推出网络安全方面的战略和法规。在东盟已公布的与网络安全相关的正式或草案文本中，甚至都没有对网络安全这一核心概念的明确定义。不过，最新的进展表明，东盟已经从经济和国家安全的角度认识到网络安全的重要性，并且着手提高成员的能力建设、应急反应和信息交流能力。比如，在2016年9月召开的第29届东盟领导人峰会的主席声明中，网络安全被单独列出，各国对东盟防长扩大会（ADMM-Plus）网络安全专家工作组的建立表示欢迎；各国期待在包括网络犯罪在内的10个优先领域通过打击跨国犯罪的行动计划。2017年11月的第31届东盟领导人峰会上通过的《东盟防范和打击网络犯罪的宣言》指出，有必要推进旨在保护本地区共同体的网络犯罪合作，包括规划出

---

① 张睿："东南亚各国探索建设'安全网络'"，比特网，2013年6月25日，http://sec.chinabyte.com/247/12646747.shtml。

② "安全化"指的是特定的安全问题被当作"存在性威胁"加以提出，并赋予行为主体采取紧急行动和超越常规政治规则的权利的过程。参见［英］巴里·布赞、［丹麦］奥利·维夫、［丹麦］迪·怀尔德著，朱宁译：《新安全论》，浙江人民出版社2003年版，第32—37页。

具体有效的地区路径。

第五，东盟建构的网络安全主要涵盖网络犯罪和网络恐怖主义，而网络恐怖主义又被视为网络犯罪的一部分。数据和隐私保护在近几年也开始得到东盟的关注，东盟电信和信息技术部长会议于 2016 年 11 月通过了《个人数据保护框架》（见附录四），① 该框架的目标是促进地区和全球贸易增长，推动信息的流动，因而在内容上较为空泛，并未对成员国、机构和个人的权利、义务做出规定。此外，网络战争这种涉及成员国军事与战略核心利益的概念未被东盟提及。

根据东盟秘书处提供的资料，② 东盟对网络威胁的认知经历了由浅入深的过程。最初只是将网络犯罪作为跨国犯罪的一种类型加以讨论，在 2001 年 10 月于新加坡举行的第三届东盟关于跨国犯罪的部长级会议上，各国同意将网络犯罪作为共同打击的跨国犯罪的一部分。后来将网络犯罪作为单独议题并设立相关工作组，接着才开始讨论网络恐怖主义、数据和信息基础设施保护等议题。不过，尽管东盟一直将网络恐怖主义作为单独的议题加以讨论，比如 2004—2007 年举行了东盟地区论坛（ARF）第一至四届关于网络恐怖主义的研讨会，但各国仍旧认为网络恐怖主义只是网络犯罪的一种形式。东盟地区论坛 2006 年 7 月通过的《关于合作打击网络攻击和恐怖分子滥用网络空间的声明》专门指出，恐怖分子滥用网络空间是网络犯罪的一种形式，是犯罪分子对信息技术的滥用。③ 东盟 2015 年 11 月推出的《2025 年东盟政治安全共同体

① TELMIN, "Framework on Personal Data Protection", November 2016, http://asean.org/storage/2012/05/10 – ASEAN-Framework-on-PDP. pdf.

② "ASEAN's Cooperation on Cybersecurity and against Cybercrime", presented by the ASEAN Secretariat at Octopus Conference: Cooperation against Cybercrime, December 4, 2013, https://docplayer. net/1333085 – Asean-s-cooperation-on-cybersecurity-and-against-cybercrime. html.

③ "ASEAN Regional Forum Statement on Cooperation in Fighting Cyber Attack and Terrorist Misuse of Cyberspace", issued at the 13th ASEAN Regional Forum, July 28, 2006, http://www. mofa. go. jp/region/asia-paci/asean/conference/arf/state0607 – 3. html.

（APSC）蓝图》中涉及网络安全的第 B. 3. 6. 条指出，要建设和平、安全和稳定的地区，应"强化打击网络犯罪的合作"，从其具体内容来看，网络犯罪仍是东盟在网络安全方面最为关注的内容。[①]

第六，网络安全国际合作体现出多元性和开放性。为了寻求共识，东盟和美国、日本、中国、俄罗斯、印度、澳大利亚、欧盟等国家和地区都曾召开有关网络安全议题的双边对话会或研讨会。与此同时，东盟也在其倡导的东盟地区论坛（ARF）组织有关网络安全议题的讨论。该论坛为全球三大网络行为体——中、美、俄提供了公开对话的场合，东盟有望在推动大国间的网络安全对话合作方面发挥协调、引导和平衡作用。

第三节 东盟网络安全治理的路径

2016 年以来，在新加坡的积极推动下，东盟的网络安全治理取得了非凡的进展：《个人数据保护框架》《东盟防范和打击网络犯罪的宣言》《东盟领导人关于网络安全合作的声明》先后获得通过，首届东盟网络安全部长级大会 2016 年启动，东盟与中国、日本、韩国、印度、欧盟、美国等对话合作伙伴在信息通讯技术领域的合作也明显提速。

本节将首先论述东盟在网络安全领域开展规则治理的情况，然后展开对东盟与成员国、非国家行为体、域外力量在应对网络威胁的过程中所形成关系的分析，即针对东盟网络安全关系治理情况的分析。

---

① 具体内容包括：强化打击网络犯罪的合作，包括在执法部门中及时分享相关信息和最佳实践，考虑有必要为应对网络犯罪制定适宜的法律和提高能力；提高刑事司法机关运用有关网络犯罪和电子证据法律法规的能力；推动有关网络安全和网络犯罪的执法培训；推动私营部门和执法机构在识别和减少网络犯罪威胁方面加强信息分享的公私伙伴关系；推进东盟成员国对网络犯罪和网络恐怖主义的认识和理解。见 "ASEAN Political-Security Community Blueprint 2025", p. 20, http：//asean. org/wp-content/uploads/archive/5187 – 18. pdf。

一、东盟的规则治理情况

东盟讨论网络安全问题的机制主要包括：东盟关于跨国犯罪的部长级会议（AMMTC）、① 东盟地区论坛（ARF）、② 东盟防长扩大会议（ADMM-Plus）、③ 东盟电信和信息技术部长会议（TELMIN）④ 与东盟关于社会福利和发展的部长级会议（AMMSWD）⑤。

从形式来看，东盟上述机制通过的与网络安全有关的文件主要以行动计划、工作项目、声明、宣言、总体规划等方式存在，体现了东盟在组织和决策上非正式性、非强制性的一贯特点。从目标来看，东盟与网络安全有关的文件以打击网络犯罪与网络恐怖主义为主要目标，只有少数文件涉及信息基础设施安全和个人数据保护。

具体而言，东盟讨论网络安全问题的七种机制可以分为四大类型。第一类是关于跨国犯罪的机制，即东盟关于跨国犯罪的部长级会议和东盟关于跨国犯罪的高官会议。前者负责审查东盟各实体关于跨国犯罪的工作，并且为打击跨国犯罪开展区域合作设定方向；后者负责审查工作计划的政策战略和执行情况，同时要向前者汇报工作进展。它们不仅是

---

① AMMTC 为打击包括网络犯罪在内的跨国犯罪设定开展地区合作的步骤和方向，东盟关于跨国犯罪的高官会议（SOMTC）和东盟各国移民部门与外交部领事事务部负责人会议（DGICM）为 AMMTC 提供帮助。

② ARF 推动各方就具有共同利益和关切的政治安全事宜开展对话和磋商，对亚太地区的信心建立和预防性外交做出重要贡献。

③ 网络安全是 ADMM-Plus 新近关注的领域，有关工作由网络安全专家工作组开展。东盟防长扩大会议（ADMM-Plus）又称东盟 10 + 8 防长会，是亚太地区级别最高的防务安全合作机制，成员国包括东盟 10 国和澳大利亚、中国、印度、日本、新西兰、俄罗斯、韩国、美国等 8 个东盟对话伙伴国。

④ TELMIN 旨在通讯领域打造更有力的地区关系，东盟电信监管理事会（ATRC）和东盟电信高官会议（TELSOM）为 TELMIN 提供帮助。

⑤ AMMSWD 旨在应对妇女、儿童、老人和残障人士面对的社会风险，东盟关于社会福利和发展的高官会议（SOMSWD）为其提供帮助。

东盟最早关注网络安全问题的机制，也是打击网络犯罪方面最为专业的机制。从 2001 年至今，两大机制应对网络犯罪方面的工作取得了很大进展：先是同意将网络犯罪列入东盟打击跨国犯罪的工作项目，随后通过了东盟网络犯罪执行能力建设的共同框架，继而批准建立关于网络犯罪的工作小组，并完成了东盟在打击网络犯罪方面的路线图。

第二类是偏重技术合作的机制，即东盟电信和信息技术部长会议、东盟电信监管理事会和东盟电信高官会议。这些机制关注的是东盟信息基础设施的安全，多使用互联网安全（network security）的术语。比如，东盟电信和信息技术部长会议先后通过了《新加坡宣言》《东盟信息通信技术总体规划 2015》和《麦克坦—宿务宣言》（Mactan Cebu Declaration），以此推动成员国建立计算机安全应急响应小组（CERT）并开展合作，实现在东盟内部的安全交易，提高公众的网络安全意识。2012 年 2 月，老挝邮电部批准建立老挝计算机安全应急响应组，标志着东盟十国已全部设立计算机安全应急响应组。再比如，东盟电信监管理事会在 2005 年通过了互联网安全合作框架与行动计划，并在 2013 年通过了互联网安全合作框架的修改版，拓宽了互联网安全的范畴，将与其他机构间的合作也囊括在内。

而且，由于在技术领域涉及主权的内容较少，各方更容易达成共识，东盟在此类机制下广泛开展国际合作。从中国方面的资料来看，自 2006 年以来，中国多次应邀参加中国—东盟电信监管理事会圆桌会议，并于 2009 年与东盟通过了《中国—东盟电信监管理事会关于网络安全问题的合作框架》；中国国家互联网应急中心（CNCERT）自 2007 年起每年参加东盟计算机安全应急响应组的应急演练，并邀请东盟各国计算机安全应急响应组和其政府主管部门代表参加在中国举办的中国—东盟网络安全研讨会。2015 年 1 月，第九次中国—东盟电信部长会议审议通过了 2015 年度中国—东盟信息通信合作项目，支持中方提出的关于建立中国—东盟计算机应急响应组织合作机制的倡议，并责成东盟电信高官会议落实该合作机制。① 此外，东盟电信监管理事会和日本自 2008年开始每年举办信息安全政策会议，自 2009 年开始每年举办互联网安全专题研讨会。在东盟电信监管理事会机制下，2011 年 7 月在马来西亚召开了东盟—欧盟关于网络犯罪的执法、法官和检察官培训。

第三类是偏重社会安全的机制，即东盟关于社会福利和发展的高官会议。在该机制下召开了以"建设根除网络色情和网络卖淫行为的东南亚"为主题的会议。会议建议：根据现有的国际人权标准，强化各国立法，对各种对儿童和青少年进行性剥削的行为（特别是网络色情和网络卖淫行为）定义、禁止并入罪；推动东盟在域外管辖权和法律互助方面的合作，以有效控告各种对儿童和青少年进行性剥削的行为；强化电讯监管，使其涵盖商业和非商业领域，并将服务供应商的数据截留政策标准化；在东盟成员国监督、报告和处理与网络色情和网络卖淫有关的案情和受害者时，形成清晰的行为准则和机构间协调机制。

第四类是多边安全对话与合作机制，即 ARF。与其他几类机制不同的是，ARF 自成立之日起就是跨区域多边机制，其成员目前共有 27 个，除了东盟十国外，还包括中国、日本、韩国、印度、俄罗斯、美国、加拿大、澳大利亚、欧盟等域外国家和地区。更为重要的是，ARF 已成为亚太地区最主要的官方多边安全对话与合作渠道，该机制下展开的网络安全问题讨论最能体现各国在网络空间中的政治利益、国家安全考虑，也最能展示"东盟方式"在网络安全这一特定议题领域的特点。ARF 开展的与网络安全有关的项目较多，最初主要围绕网络恐怖主义问题展开，比如 2004—2007 年举行的第一至四届 ARF 关于网络恐怖主义的研讨会，2006 年 7 月在第 13 届 ARF 上通过的《关于合作打击网络

---

① 中国工业和信息化部："尚冰出席并主持第九次中国—东盟电信部长会议"，2015 年 1月 23 日，http://www.miit.gov.cn/n1293472/n11293832/n11293907/n11623307/16421515.html。

攻击和恐怖分子滥用网络空间的声明》，2008 年 11 月举行的 ARF 关于恐怖主义和互联网的会议。2010 年以后，ARF 有关网络安全的议题设置更多元化，并开始偏重能力建设、建立信任等方面。比如，2010 年 4 月在文莱斯里巴加湾举行的 ARF 网络犯罪能力建设会议，2012 年 3 月在越南广南省举行的 ARF 关于网络空间代理行为体的专题讨论会，2012 年 9 月在新加坡举行的 ARF 关于网络事故响应的专题讨论会（ARF Workshop on Cyber Incident Response），2012 年 9 月在韩国首尔举行的 ARF 关于在网络空间信心建立措施的专题研讨会，2013 年 9 月在北京举行的"加强网络安全措施——法律和文化视角"研讨会，2014 年 3 月 25—26 日在马来西亚吉隆坡举行的 ARF 关于网络信心建立措施的专题讨论会，以及 2015 年 10 月 21—22 日在新加坡举行的 ARF 关于在网络空间落实"建立信托措施"（CBMs）的研讨会。

表 4—2　东盟在网络安全和打击网络犯罪方面的合作

时间	机制	合作进展
2001 年 10 月	第三届东盟关于跨国犯罪的部长级会议（AMMTC）	各国同意将网络犯罪列入工作项目，以执行 1999 年第二届 AMMTC 上通过的《东盟打击跨国犯罪行动计划》
2002 年 5 月	第二届东盟关于跨国犯罪的高官会议（SOMTC）	通过《补充东盟打击跨国犯罪行动计划的工作项目》，网络犯罪被列入其中
2003 年 9 月	第三届东盟电信和信息技术部长会议（TELMIN）	通过《新加坡宣言》。该宣言强调，各方应努力建立东盟信息基础设施，以推进互联互通、网络安全和完整性；所有的东盟成员国应在 2005 年前根据相互认可的最低绩效标准建立和运营计算机安全应急响应小组（CERT）
2005 年 8 月	第 11 届东盟电信监管理事会（ATRC）	通过互联网安全合作框架与行动计划

时间	机制	合作进展
2006 年 7 月	第 13 届东盟地区论坛（ARF）	通过《关于合作打击网络攻击和恐怖分子滥用网络空间的 ARF 声明》。该声明要求各国：根据各自的国家情况并参照相关的国际文件和建议/指导，制定和执行网络犯罪和网络安全法；承认国家框架在合作应对犯罪分子（包括恐怖分子）滥用网络空间方面的重要性，并鼓励制定这样的框架；同意共同努力提高应对网络犯罪（包括恐怖分子滥用网络空间）的能力；承诺通过增进各国计算机安全事件响应小组（CSIRT）间的信任以及制定倡议和公众意识项目，继续共同打击网络犯罪
2007 年 6 月	第七届东盟关于跨国犯罪的高官会议（SOMTC）	通过了东盟网络犯罪执行能力建设的共同框架，以支持全球打击网络犯罪的行动
2010 年 10 月	第 17 届东盟领导人峰会	通过的《东盟互联互通总体规划》（Master Plan on ASEAN Connectivity）指出，"认识到更紧密的互联互通能够带来的可见收益，总体规划承认，跨国犯罪、非法移民、环境退化和污染以及其他跨境挑战带来的问题，应该得到妥善处理"
2011 年 1 月	第 10 届东盟电信和信息技术部长会议（TELMIN）	通过《东盟信息通信技术总体规划 2015》。其中提到的 6 项战略互信中有两项都和网络犯罪相关：战略互信 2 中提到，推动在东盟内部的安全交易，开展活动提高网络安全意识；战略互信 4 中提到，为网络安全建立共同的最低标准，以确保东盟网络的覆盖率和安全性、为东盟建立网络安全"健康筛查"项目、为商业建立最佳实践模式和为所有行业建立灾难恢复能力、在东盟内部分享数据和信息基础设施保护的最佳实践

时间	机制	合作进展
2012 年 6 月	东盟关于社会福利和发展的高官会议（SOMSWD）	召开以"建设根除网络色情和网络卖淫行为的东南亚"为主题的首次会议
2012 年 7 月	第 19 届东盟地区论坛（ARF）	通过《在确保网络安全方面开展合作的声明》。该声明包括在信息和通讯技术（ICT）的使用安全方面强化地区合作的措施：进一步考虑符合国际法及其基本原则、应对该领域新兴威胁的战略；推进与信心建立、稳定和降低风险有关的对话，以应对 ARF 参与者使用信息通讯技术中的各种问题；鼓励并推进网络安全文化方面的合作；制定在 ICT 使用安全方面的工作计划，聚焦在信心建立措施方面的实际合作；阐述与 ICT 使用相关的术语及定义
2012 年 11 月	第 12 届东盟电信和信息技术部长会议（TELMIN）	通过《麦克坦—宿务宣言》。宣言指出，"要继续在东盟计算机安全应急响应小组（CERT）间开展合作活动，比如东盟 CERT 事故演练，以提高 CERT 间的事故调查和协作，支持东盟网络安全行动理事会（ANSAC）的活动"
2013 年 4 月	东盟关于社会福利和发展的高官会议（SOMSWD）	召开以"建设根除网络色情和网络卖淫行为的东南亚"为主题的第二次会议
2013 年 6 月	第 13 届东盟关于跨国犯罪的高官会议（SOMTC）	批准建立关于网络犯罪的工作小组
2013 年 8 月	第 19 届东盟电信监管理事会（ATRC）	通过互联网安全合作框架的修改版。修改版拓宽了互联网安全的范畴，将与其他机构间的合作也囊括在内

续表

时间	机制	合作进展
2014 年 5 月	东盟关于跨国犯罪的高官会议（SOMTC）	成立两个应对网络犯罪的新机制。一个是 SOMTC 首个关于网络犯罪的工作组，该工作组完成了东盟在打击网络犯罪方面的路线图，旨在能力建设和培训、执法、信息交换、地区外合作等方面推进地区合作。另一个是东盟—日本网络犯罪首次对话会，双方讨论了在打击网络犯罪方面的战略合作
2015 年 1 月	第 14 届东盟电信和信息技术部长会议（TELMIN）	通过主题为"改变东盟：转向智能社群"的《曼谷宣言》，强调东盟将借助信息通讯技术实现地区一体化的好处，缩小东盟成员国之间的发展鸿沟
2015 年 5 月	东盟地区论坛（ARF）	通过《关于信息通讯技术及其使用安全的 ARF 工作计划》，该计划是对 2012 年《在确保网络安全方面开展合作的声明》的落实
2016 年 9 月	第 29 届东盟领导人峰会	通过《东盟互联互通总体规划 2025》（MPAC2025），数字创新是该规划主要关注的五个战略领域之一。在数字创新方面，预计到 2030 年东盟的数字技术价值将达到 6250 亿美元。因此有必要建立数字服务的配套监管体制，并搭建基于数字技术的开放平台，以便小微企业及中小企业更好地使用这些技术
2016 年 11 月	第 16 届东盟电信和信息技术部长会议（TELMIN）	通过《个人数据保护框架》
2017 年 11 月	第 31 届东盟领导人峰会	通过《东盟防范和打击网络犯罪的宣言》
2018 年 4 月	第 32 届东盟领导人峰会	通过《东盟领导人关于网络安全合作的声明》

资料来源：（1）2013 年 8 月之前的内容：ASEAN's Cooperation on Cybersecurity and against Cybercrime, presented by the ASEAN Secretariat at Octopus Conference：Cooperation against Cybercrime, December 4, 2013。（2）2013 年 8 月之后的内容由笔者根据互联网内容整理。

二、与成员国的合作

东盟的网络安全制度设计落后于其多数成员国。这一方面是因为东盟国家间的合作强调非正式性，不愿以强制度对各国加以约束；另一方面也与东盟成员国的信息通讯技术发展水平参差不齐、各国在组织架构和法律制度的建设方面存在较大差距有关。ITU 发布的全球网络安全指数（2017 年）排名[①]显示，东盟成员国中的新加坡和马来西亚分别排名全球第一和第三位，缅甸和越南却分列全球第 100、101 位。

东盟十国中，在网络技术能力、法律法规和组织机构建设等方面首屈一指的新加坡正努力发挥领头羊的作用，不仅为其他国家能力建设提供资金和技术援助，还积极推动东盟制定网络安全治理规范，试图将其自身打造成为东南亚的网络安全中心。就新加坡本国的情况而言，该国是全球首个对互联网进行立法管制的国家。[②] 1993 年，该国制定《滥用计算机法》，之后于 1998 年、2003 年两次进行修订，2013 年将其更名为《滥用计算机和网络安全法》，增加网络安全内容。新加坡还在 1998 年通过《电子交易法》，成为世界上第一个出台电子商务法的国家。[③] 该国还不断推出新的政策制度来适应新形势下的网络安全治理形势。2016 年 10 月，新加坡正式发布网络安全战略报告，提出了新加坡网络安全的愿景、目标和要点。2017 年 11 月 1 日，新加坡个人数据保护委员会发布《数据保护管理程序指南》（Guide to Development a Data Protection Management Program），旨在通过实施数据保护管理程序，帮助组

---

① 国际电信联盟 2017 年 7 月发布《全球网络安全指数》（GCI）调查报告，报告从法律框架、技术手段、组织架构、能力建设和相关合作五个方面，考察成员国在加强网络安全方面做出的努力和承诺（详见附录二）。

② 周济礼："新加坡电子商务信息安全建设举措"，《中国信息安全》2014 年第 1 期，第 96 页。

③ 同上。

织开发和促进自身的个人数据保护政策和实践。2018 年 2 月，新加坡
国会通过了《网络安全法案》，加强新加坡 11 个关键信息基础设施应
对网络袭击的能力，授权网络安全局预防和应对网安事故及制定网安服
务提供者的管制框架。组织结构方面，2015 年 4 月 1 日，新加坡网络安
全局（CSA）正式成立。该机构隶属总理府，整合了新加坡资讯通信科
技安全局与资讯通信发展管理局的部分职责，统筹各政府部门的网络安
全事宜，发展可提早预测及抵御网络威胁的能力，并负责监督能源、陆
路交通、海事、民航、水源、保安、医药和银行及金融这八个关键领域
的网络安全。

在新加坡网络安全局的积极倡议下，首届东盟网络安全部长级大会
（AMCC）于 2016 年 10 月 11 日在新加坡国际网络周期间举行，东盟十
国部长及高级官员共聚一堂，研判网络空间治理的现状和未来发展趋势
等。新加坡发起的"东盟网络能力计划"（ACCP）承诺将在从 2017 年
4 月开始的 5 年时间内提供 1000 万新加坡元的资助，旨在帮助东盟成员
国提高技术、政策和战略能力。ACCP 还建议每年举行一次新加坡国际
网络周，并将东盟网络安全部长级会议作为开展地区网络安全政策和战
略讨论的关键平台。尽管这次会议没有发布官方声明，但新加坡新闻及
通讯部部长雅国（Yaacob Ibrahim）强调了制定具有东盟特色的地区网
络空间规范的重要性，新加坡支持"建立网络空间基本行为准则"，但
同时也应注意"东盟具有独特的环境和文化"，该地区对网络规范的理
解亦有其特色。他还指出，网络能力建设、网络空间意识和网络规范是
新加坡对东盟加强网络安全合作的三项建议。[①]

除新加坡以外，马来西亚的网络安全指数也在全球居于前列。该国

---

① "Opening Speech by Dr Yaacob Ibrahim, Minister for Communications and Information and
Minister-In-Charge of Cyber Security, at the ASEAN Ministerial Conference on Cybersecurity", Octo-
ber 11, 2016, https://www.csa.gov.sg/news/speeches/asean-ministerial-conference-on-cybersecu-
rity - 2016.

2016 年发布网络安全战略，建立了专门的政府机构（马来西亚国家网络安全局成立于 2017 年 2 月）负责统筹网络安全治理事宜，2017 年起草了新的网络安全法，构建了较为完善的网络空间治理法律法规体系。马来西亚最早于 1997 年接连通过了《数字签名法》《计算机犯罪法》《版权修正法案》等多项法案，以保护消费者权益，确保电子商务的正常运作。1998 年，颁布了《通信与多媒体法》，强化信息安全监管，推广许可证制度，实行内容审查，严厉打击网络谣言，关闭违法网站。2006 年，针对日益严峻的网络安全形势，又颁布了《国家信息安全政策》（NCSP），从国家层面对信息网络安全进行顶层设计，制定了网络安全建设的具体举措和优先发展项目，特别是对国家信息基础设施（CNII）和关键信息系统的安全、电子商务交易安全、电子政务安全进行了详细规范，提出运用综合手段确保信息网络安全。[1] 2010 年，马来西亚在东盟十国中率先通过了《个人数据保护法》。

与此同时，也有个别东盟国家在网络安全的制度建设方面较为落后，比如柬埔寨、老挝、缅甸和文莱。这些国家尚未出台网络安全战略，亦缺乏网络犯罪或数据保护方面的立法，通常都是由计算机安全应急响应小组（CERT）而非专门的政府机构来应对网络安全事宜。[2] 就柬埔寨而言，该国曾在 2014 年起草了网络犯罪法，但相关草案在互联网上被泄露，并随即遭到人权组织的反对，认为草案赋予政府限制公众使用社交媒体的权力，这将严重影响互联网上的自由表达权。2014 年底，柬埔寨首相府发言人对外表示，网络犯罪法草案已经被搁置，因为

---

① 李加运、徐志惠："马来西亚信息安全建设综述"，《中国信息安全》2013 年第 12 期，第 85—86 页。

② "Cybersecurity in ASEAN：An Urgent Call to Action"，A. T. Kearney，2018，p. 51，http：//www. southeast-asia. atkearney. com/documents/766402/15958324/Cybersecurity + in + ASEAN% E2% 80% 94An + Urgent + Call + to + Action. pdf/ffd3e1 ef-d44a-ac3a – 9729 – 22afbec39364.

"它不是政府优先考虑的事宜"。①

由于成员国在技术水平和制度建设方面均存在巨大差距，东盟层面对成员国的要求也有很大弹性。比如，2006 年通过的《关于合作打击网络攻击和恐怖分子滥用网络空间的 ARF 声明》要求各国根据各自国家情况并参照相关的国际文件和建议/指导，制定和执行网络犯罪和网络安全法；2018 年 4 月通过的《东盟领导人关于网络安全合作的声明》重申有必要在东盟成员国间就网络安全政策和能力建设倡议开展更密切的合作和协调，以推广以自愿为基础和不具有约束力的网络规范。

三、非国家行为体的影响

在东盟区域安全治理模式下，非国家行为体对东盟的影响主要通过第二轨道和第三轨道的对话协调机制实现。一般来说，第一轨道外交指以国家为中心的地区合作，第二轨道外交指以学术共同体为中心的地区参与形式，第三轨道外交是通过个人和组织的跨国支持网络建立的人与人之间的外交。② 东盟战略与国际问题研究所（ASEAN-ISIS）和亚太安全合作理事会（CSCAP）是第二轨道的两个代表性机制。第三轨道外交的主体通常是公民社会组织（CSO），20 世纪 90 年代东南亚金融危机之后，公民社会组织获得巨大发展，③ 开始积极参与东南亚的地区治理，以东盟人民大会（APA）和东盟公民社会会议（ACSC）最为知名。

① Chris Mueller and Khuon Narim, "Controversial Cybercrime Law 'Scrapped'", *The Cambodia Daily*, December 12, 2014, https://www.cambodiadaily.com/archives/controversial-cybercrime-law-scrapped–74057/.

② 周玉渊："论东盟决策过程中的第三轨道外交"，《东南亚研究》2010 年第 5 期，第 15—20 页。

③ 亚洲金融危机中，东盟在经济复苏中的明显缺位令外界质疑其目标和实践。东盟为此提出改革项目，其中之一就是提高决策系统的开放性，包容公民社会组织。官员们提出"以人为本"的口号，并为公民社会组织创建了参与渠道。参见［澳］蒋佳丽著，肖均译："东南亚地区主义与决策参与的局限"，《国外理论动态》2015 年第 2 期，第 86—94 页。

需要指出的是，第二轨道对第三轨道的运行有着重要影响。比如，东盟人民大会就是在东盟战略与国际问题研究所的组织下开展活动的，后者将其角色定位为第一轨道和第三轨道间的桥梁。①

西方学者提出的多元合作主义认为，与传统安全不同，网络安全治理事关国家和非国家行为体等范畴广泛的利益攸关方，理想的治理模式应建立在各行为体广泛参与、平等协商的基础上。② 按照这种理论，第二轨道和第三轨道应当与东盟官方在扁平化的模式基础上共同参与网络安全治理。但是，一方面，第二轨道的效率和影响力近年来不断下降，东盟战略与国际问题研究所的标志性会议——每年一次的亚太圆桌会议难以吸引官方（特别是东盟之外官方）的兴趣。亚太安全合作理事会也面临内部分歧和挑战的困扰，一些成员最近几年变得不再活跃，俄罗斯、朝鲜、蒙古国、越南、柬埔寨、欧盟等有时还缺席工作组会议。③这就使第二轨道对东盟网络安全治理的影响力遭到很大削弱。另一方面，受东盟自身发展机制滞后的影响，第三轨道参与并影响东盟决策的渠道一直受到很大限制，能发挥的作用更是微乎其微。有学者提出，从20世纪90年代末开始，东盟官方允许一些公民社会组织参与相关决策但限制它们质疑政策的权利，这种机制只不过是为了兑现东盟"以人民为中心"（people-centered）的承诺，提升其合法性，而不是为了给公民社会组织创造机会质疑其政治项目。④ 本书将以亚太安全合作理事会作为第二轨道机制的代表、以东盟公民社会会议作为第三轨道机制的代

---

① Kelly Gerard, "From the ASEAN People's Assembly to the ASEAN Civil Society Conference: the Boundaries of Civil Society Advocacy", *Contemporary Politics*, 19: 4, 2013, pp. 411 – 426.

② 董青岭："多元合作主义与网络安全治理"，《世界经济与政治》2014年第11期，第52—72页。

③ David Capie, "When does Track Two Matter? Structure, Agency and Asian Regionalism", *Review of International Political Economy*, 17: 2, 2010, pp. 291 – 318.

④ Kelly Gerard, "Explaining ASEAN's Engagement of Civil Society in Policy-making: Smoke and Mirrors", *Globalizations*, 12: 3, 2015, pp. 365 – 382.

表，从而说明非国家行为体参与东盟网络安全治理的情况。

（一）第二轨道机制的代表——亚太安全合作理事会

亚太安全合作理事会成立于 1993 年，是对应和辅助 ARF 的第二轨道组织，发挥着知识型领导作用，一方面推动 ARF 合作议程的发展，另一方面深化 ARF 的合作原则和规范。[①] 这种知识型领导作用主要借助研究小组（study group）的工作实现。网络安全研究小组是其中之一，该小组在两次会议讨论的基础上推出了关于网络安全的备忘录。2012年 5 月，这份名为"确保更安全的网络环境"的备忘录[②]（亚太安全合作理事会第 20 号备忘录）获得亚太安全合作理事会指导委员会的批准。

备忘录的建议部分涉及国家责任和区域合作两个层面。在国家责任方面，备忘录建议，政府应在协调各利益攸关方的参与方面发挥强力领导作用，应当制定全面的网络安全战略，提高政府、私营部门和社会整体的网络安全意识和知识，推动政府和私营部门之间的有效合作安排，制定有效的法律框架和提高执法能力以打击网络犯罪，建立和加强有着足够资源和权力的计算机安全应急响应组。在区域合作方面，备忘录建议 ARF 应当：加强机制建设，给信息和经验分享提供便利；执行有关能力建设和技术援助的措施；考虑拓展亚太计算机应急联盟组织（AP-CERT）的角色和职责，使其成为传播信息和建议的协调中心；提高法制协调水平；建立地区性网络安全行动工作组（CSATF），为法制协调提供标准、机制、政策方面的建议。其中，在提高法制协调水平方面，应考虑 ARF 成员已经接受或批准的国际网络安全公约，同时也

[①] 陈寒溪："第二轨道外交：CSCAP 对 ARF 的影响"，《当代亚太》2005 年第 4 期，第37—38 页。

[②] CSCAP Memorandum No. 20, "Ensuring A Safer Cyber Security Environment", May 2012, http://www.cscap.org/uploads/docs/Memorandums/CSCAP% 20Memorandum% 20No% 2020% 20 - % 20Ensuring% 20a% 20Safer% 20Cyber% 20Security% 20Environmenet.pdf.

应探索已有的地区性或全球性安排给法律的协调一致能够带来的便利。

尽管备忘录本身的内容有限，但亚太安全合作理事会网络安全研究小组在其两次会议中讨论的话题却十分广泛。尤其是在 2011 年 3 月于马来西亚召开的首次会议上，代表们讨论了与亚太地区相关的多项网络安全议题。①

第一，关于网络安全的定义，多数国家认为，与技术相关的对信息的可获取性、完整性、真实性、保密性的威胁都属于网络安全的范畴，比如钓鱼软件、恶意代码、黑客、僵尸病毒等。但是，对于那些与信息内容相关的威胁，各国却有不同观点。一些国家将借助网络传播某些内容（比如色情、煽动叛乱、诽谤等）的行为视为网络犯罪行为，但是这些"非法内容"可能被另一些信奉言论自由原则的国家视为被保护的对象。因为这些差异的存在，与信息内容相关的威胁不在该研究小组的讨论范围内。

第二，各国在网络安全方面的立法差异比较显著，这是各国在国家利益和威胁理念方面的差异导致的。代表们建议，研究小组不要过多地讨论应对网络安全的法律手段，只声明各国愿意重审本国立法，将那些它们公认的网络技术威胁列为犯罪行为。同时，研究小组应强调非法律手段在应对网络安全问题方面的重要性，这些手段包括提高公众的网络安全意识、国家间的信息分享和技术援助、能力建设等。

第三，强调政府、企业和公民社会开展网络安全合作的重要性，公私伙伴关系（PPP）是应对网络安全的双赢战略。代表们提出了加强政府、企业和公民社会合作的六点建议。其一是制定和采用网络安

---

① "Report on the 1st Meeting of CSCAP Study Group on Cyber Security", March 21 – 23, 2011, Putrajaya, Malaysia, http：//www. cscap. org/uploads/docs/Cybersecurity/1CyberSec% 20co-chairs% 20report. pdf.

全领域的高标准，以最大程度地确保安全，并增进各方对主要由私营部门拥有和管理的计算机网络的信心。其二是确保政府和行业赖以运营的关键信息基础设施的弹性。其三是政府和行业应运用市场手段，激励企业自愿将网络安全提高到理想的标准。其四是确保企业和行业能够以协作和完整的方式应对任何网络危机。其五是信息分享和早期预警。这种信息分享必须是双向的，以提供针对网络攻击和网络空间恶意活动的早期预警，并确保具备有效反击的时间。其六是提高公众的网络安全意识和受教育水平，并加强公众和系统应对网络威胁的能力建设。

第四，网络安全方面存在领地管辖权和普遍管辖权挑战。现有的国际法律体系在应对跨境网络犯罪问题方面存在差距。尽管马来西亚、澳大利亚、印度、新加坡和菲律宾等国已经"升级"了应对网络犯罪的法律，但亚太地区还有很多国家没有这样做。这样导致的后果是，在很多国家看来十分严重的网络犯罪问题，却因犯罪发生地法律的不健全而使犯罪分子逍遥法外。[1] 而且，犯罪分子所在国也不能将其引渡到法律健全的国家，因为现有的引渡条约通常要求其行为在两国都被视为犯罪行为。一些国家的政策还规定，不得将本国公民引渡到国外。研究小组强调，让一个地区的所有国家批准一个提供普遍/地区管辖权的公约，将是非常困难甚至是不可能的。一个更现实的选择是，该地区所有国家重新审视其网络犯罪方面的立法，修改现有的或者引入新的网络犯罪法，使其包括域外管辖权和在调查中法律互助的条款。

由此可见，亚太安全合作理事会给其成员提供了分享网络安全问题

---

[1] 比如，2000 年左右，美国国防部、英国国会的计算机都遭到"我爱你"病毒的袭击，造成的损失约达 100 亿美元。该病毒的创造者是菲律宾一个名为古兹曼的年轻学生，由于病毒在 2000 年 5 月爆发时，菲律宾还没有制裁计算机黑客行为的相关法规，因此菲律宾当局先是以盗窃及其他罪名起诉古兹曼，但在同年 8 月因证据不足而撤销。

和挑战的平台，但其研究小组是在判断 ARF 需要的基础上开展研究的。① 正如新加坡代表在网络安全研究小组第二次会议上提醒其他代表注意的那样，研究小组的备忘录提出的应当是有希望在 ARF 指导委员会上被接受的建议，有关建议应当是明确和具体的。② 受到这种思想的推动，题为"确保更安全的网络环境"的备忘录自动屏蔽了很多可能不受官方欢迎的内容，比如公民社会组织在网络安全治理中的作用、数据和隐私保护、表达自由和人权等。事实上，在 2011 年 3 月网络安全研究小组的首次会议上，新西兰和印度代表分别分享了在"网络安全中的公私伙伴关系（PPP）"和"数据和隐私保护立法"方面的经验，但在提交给 ARF 的备忘录中，相关内容并未得到很好的体现。而且，备忘录给出的建议多是框架性内容，很难判断其是否已经被 ARF 接受，比如建议在地区层面加强能力建设和技术援助、给信息和经验分析提供便利等，这些缺乏量化标准的内容会在多大程度上被接受和执行都是未知数。备忘录中提出"建立地区性网络安全行动工作组（CSATF）"的建议至今尚未得到落实，这在一定程度上可以证明亚太安全合作理事会对东盟地区论坛影响的有限性。

（二）第三轨道机制的代表——东盟公民社会会议

东盟公民社会会议是东盟成员国的公民社会组织每年举行一次的常规性论坛，会议产生的联合声明和建议会提交给东盟秘书处和东盟国家的政府代表。2005 年 10 月，首届东盟公民社会会议在马来西亚召开，该组织还受邀参加接下来举行的东盟峰会，递交其关于东盟共同体建设

---

① "Report on the 1st Meeting of the CSCAP Study Group on Cyber Security", p. 347, http：//www. cscap. org/uploads/docs/Cybersecurity/1 CyberSec％20co-chairs％20report. pdf.

② "Report on the 2nd Meeting of the CSCAP Study Group on Cyber Security", October 11 - 12, 2011, Bengaluru, India, p. 232, http：//www. cscap. org/uploads/docs/Cybersecurity/2Cyber Sec％20cochairs％20report. pdf.

的建议报告。2006 年之后，东盟公民社会会议便由公民社会组织的倡议网络——"亚洲人民倡议团结"（SAPA）独立主办，自 2008 年起还同时举行东盟人民论坛（APF），其代表人士获得了在东盟峰会上陈述意见的机会。① 东盟公民社会会议讨论的议题广泛，涵盖人权、发展、贸易、环境、青年和文化等诸多问题。

近年来，东盟公民社会会议开始从人权的角度关注网络安全问题，并提出了与数据保护、线上表达自由、互联网准入权等相关的建议。2015 年 4 月，东盟公民社会会议举行了关于"东盟地区互联网、人权和治理"问题的专题研讨会，讨论了与互联网准入、基础设施、监管和人权相关的问题，提出了关于互联网权利和自由的十条建议。②

第一条建议提出，在《东盟信息通信技术总体规划 2015》（2011 年 1 月在第 10 届东盟电信和信息技术部长会议时通过并启动）的制订过程中，公民社会的参与度很低，未来的规划必须让公民社会参与到磋商和起草过程中，公民社会必须被视为信息通信技术总体规划的重要利益攸关方。

第二，应将互联网准入视为人权的一部分。现有的总体规划没有将互联网准入视为人权。互联网应当被当作公共产品，国家有义务给公众提供便利，让他们享有在互联网上自由表达的权利。互联网准入权不仅包括接入互联网的权利，还包括信息自由流动的权利。在政治动荡年代也必须确保互联网准入不被中断。

第三，表达自由和人权标准应适用于线上。任何信息通讯技术规划都必须尊重国际人权标准，包括自由表达权、信息权和隐私权，特别是必须尊重联合国《公民权利和政治权利国际公约》，目前有 6 个东盟国

---

① 宋效峰："公民社会与东盟地区治理转型：参与与回应"，《世界经济与政治论坛》2012 年第 4 期，第 34—43 页。

② ACSC/APF, Workshop on Internet, Human Rights and Governance in ASEAN, April 21, 2015, http://aseanpeople.org/workshop-on-internet-human-rights-and-governance-in-asean/.

家是该公约的签约国。参与执行东盟信息通讯技术规划的企业也必须遵从国际人权标准。同时，必须承诺关于信息通讯基础设施的总体规划一定不能侵犯自由表达权，发展信息通讯技术准入和基础设施不应被政府视为开展内容控制的机会。

第四，数据保护需要成为东盟信息通讯技术规划中的优先考虑事项。目前，并非所有东盟国家都拥有数据保护法，那些拥有数据保护法的国家必须加快执行该法律。数据保护不仅应涵盖私人领域，还应涵盖公共领域中数据的收集、存储、分享和使用。东盟国家现有的数据保护法没有要求机构披露导致个人数据丢失的安全漏洞，未来的法律中必须使之变成强制性要求。

第五，知识产权和专利。东盟应制定政策来推动免费和开源软件的使用，这将促进相关领域的开发与创新。

第六，关于网站内容审查或网站屏蔽，各国对哪些内容需要被屏蔽（比如钓鱼网站和恶意代码网站）应给出清晰和确切的定义。如果是因为宗教或道德原因屏蔽网站，就必须对屏蔽的标准给出清晰的定义。如果收到屏蔽某一网站的请求，应该有公开、负责和透明的程序决定是否同意该请求，还应当有公开和透明的程序反对屏蔽某一网站。跨太平洋战略经济伙伴协定（TPP）可能会允许私营部门提出屏蔽内容的请求，但互联网服务提供商不应被允许仅凭私人公司请求就撤销内容，在屏蔽或撤销内容时，必须有相应的程序和责任方。

第七，关于网络安全，那些能接入互联网的智能设备（比如电视和冰箱）也应被纳入网络安全措施的对象。应采取措施确保这些设备的安全脆弱性也能被评估和更新。应对网络安全给出狭义、具体的定义，不要通过笼统的定义来加强监视和侵犯个人隐私。

第八，关于线上监视（surveillance online），应该赋予公众更多权力，并教育公众，让他们认识到对于敏感数据加密以及获取在线服务时进行双重验证的重要性。需要提高政府监视行为的透明度，并开展与私人公司的合作。

第九，在执行东盟信息通信技术总体规划时，还应采取恰当的措施来保护环境。

第十，应当有合适的数字素养（digital literacy）项目，以确保个人能够有意义和有效地接触互联网。

总之，上述内容是东盟公民社会会议从人权角度出发提出的建议，涉及线上表达自由、数据和隐私保护、线上监视、内容管制等"敏感"问题，弥补了第一轨道和第二轨道对此关注不足的缺陷，也体现出受西方人权组织影响的印记。但是，在以往第三轨道对东盟决策的影响力甚微的背景下，上述建议能否引起东盟官方的关注，尚有待于时间的检验。

四、域外力量的影响

多元性和开放性也是东盟开展地区合作的突出特点。其表现之一是，东盟开展的地区合作涉及的地域范围十分复杂，有东盟内部的、东盟和东亚地区国家的、东盟与东亚之外国家的等。所以，东盟开展的地区合作并不局限于地理意义上的东亚，有些甚至超出了地理意义上的亚太。从双边合作的角度来说，霸权国和地区性大国对东盟网络安全治理的影响力最为显著。受篇幅所限，本书仅择取在东盟网络安全治理方面影响力较大的四国，即美国、日本、俄罗斯和中国为例。

网络安全正成为域外大国拉拢东盟的"新抓手"。近些年来，在南海争端升级、美国宣布重返亚洲以及中日因钓鱼岛纠纷关系紧张的大背景下，美国、日本开始借网络安全话题说事，拉拢东盟国家抗衡中国。除了开展资金和技术援助外，美国和日本还在东盟地区论坛（ARF）发起各种于己有利的倡议，以传播其在网络安全方面的理念。相较而言，中国、俄罗斯与东盟在网络安全方面的合作起步较晚，倡导的理念与美日有较大差异。这让东盟的网络安全对外合作面临十分复杂的国际形势，同时也意味着，未来东盟有望继续发挥"大国平衡"的角色。

首先以霸权国美国为例，网络安全正快速成为其在亚洲外交活动中最优先解决的问题之一。[①] 2013 年 7 月 1 日在文莱举行的美国—东盟部长级会议上，美国时任国务卿约翰·克里（John Kerry）表示，美国（在东南亚地区）有两项特别关心的事宜，即海洋安全和网络安全。关于后者，克里表示："美国正在并且渴望进一步和东盟一起改善网络安全、打击网络犯罪，我们非常渴望帮助东盟成员国加强能力建设，以确保所有人都免受网络威胁和降低这些网络威胁带来的风险。"[②] 2016 年8 月，美国和新加坡宣布了关于网络安全合作的谅解备忘录，双方同意深化信息交换和共享，继续就网络犯罪、网络防御和地区能力建设等开展合作。在这一联合声明的基础上，美国和新加坡为东盟成员国共同主办了东盟国家网络安全能力建设专题讨论会（cybersecurity capacity-building workshop）。美国官方声称，由于国家安全利益越来越和网络空间联系到一起，旨在提高透明度和加强能力建设的各种信心建立措施将有助于降低未来的冲突风险。[③] 美国还非常积极地在 ARF 提出有关网络安全的倡议，一方面是为了传播其在网络安全方面的理念，实现其所倡导的行为规范的社会化；另一方面是为了将其偏好的安全议题引入讨论议程，并借其实现与亚太地区其他大国之间的对话和交流。与东盟国家内部更为关注网络犯罪和网络恐怖主义议题不同，美国在 ARF 上提出

---

① Peter Jennings, "Rise of the Cyber-men in Asia", July 5, 2013, http://www. aspistrate-gist. org. au/rise-of-the-cyber-men-in-asia/.

② U. S. Department of State, "U. S. Engagement in the 2013 ASEAN Regional Forum", Press Release, July 2, 2013, http://www. state. gov/r/pa/prs/ps/2013/07/211467. htm.

③ U. S. Department of State, "U. S. Engagement in the 2014 ASEAN Regional Forum", Press Release, August 10, 2014, http://www. state. gov/r/pa/prs/ps/2014/230479. htm.

的倡议更符合其自身安全利益。近年来，中美之间就网络间谍、网络犯罪问题摩擦不断，美国经常指责中国借助代理行为体对美国发起网络攻击，其在 ARF 上发起关于网络空间代理行为体的专题讨论会（ARF Workshop on Proxy Actors in Cyberspace，2012 年 3 月），无疑是为了通过渲染问题的严重性，借力东盟，对中国施加压力。当然，为了掩饰其真实意图，美国往往也会给其各种倡议披上合法和看似合理的外衣，比如宣称有关倡议是为了帮助东盟成员国加强能力建设以降低未来的冲突风险等。

美国还联合日本一起拉拢东盟国家。2014 年 6 月，日本官方宣布，将和美国一起帮助东盟提高调查网络犯罪的技术能力，两国将共同出资40 万美元，以向东盟成员国派遣联合国毒品和犯罪问题办公室（UN-ODC）的专家。两国希望，首先对东盟国家完成证据收集和情报分析的培训，然后考虑设立一个咨询机构，实现与东盟的信息共享。日本政府毫不讳言此举背后的动机，直言帮助东盟提高打击网络犯罪的技术能力很重要，因为"中国被怀疑正在借助东南亚地区的服务器向日本、美国和其他国家发起'网络攻击'"。[1] 这一事件的背景是，仅仅在日本政府表态的数周前，美国司法部以所谓的网络窃密为由起诉 5 名中国军官，声称其帮助中国企业"窃取"美国企业的商业信息。

与美国政府相比，日本政府和东盟在网络安全方面的合作更加全面深入，与政治的关联程度也更高。例如，2012 年 9 月，日本政府单方面宣布对中国的钓鱼岛及其附属岛屿实施所谓的"国有化"，导致两国关系不断恶化，两国黑客分子针对对方国的网络站点实施了"侵袭"。同年 10 月，日本媒体《读卖新闻》报道称，日本政府正推动建立由日本和东盟十国组成的网络防御体系，在该体系下，各国可以分享关于网

---

① Clint Richards, "New ASEAN Anti-Cyber Skills Aimed at China", June 2014, http://thediplomat.com/2014/06/new-asean-anti-cyber-skills-aimed-at-china.

络攻击模式和技术的信息，以防御网络攻击。该媒体还认为，因为东盟国家防御网络攻击的能力较为滞后，它们可能会对该体系感兴趣。① 在日常交流方面，自 2009 年 2 月开始，日本政府每年都联合东盟召开信息安全政策会议（2011 年召开了两次会议）。日本还与东盟在打击网络犯罪方面开展合作，首届东盟—日本网络犯罪对话会于 2014 年 5 月在新加坡举行，讨论了双方在网络犯罪方面的合作，比如推进信息共享、国际合作和能力建设等。② 在 2016 年 9 月举行的日本—东盟首脑峰会上，日本首相安倍宣布将通过一项新政策帮助东盟提高网络安全应对能力，该政策是日本同年 10 月发布的"支持发展中国家网络安全能力建设基本政策"③ 的一部分，将通过官方发展援助（ODA）给东盟国家提供网络安全设备及相关培训，并借助日本—东盟网络犯罪对话提供网络犯罪调查方面的培训和经验分享。④

俄罗斯和东盟在网络安全领域的合作主要是在 ARF 的平台上开展，没有上升到俄罗斯—东盟双边对话关系的高度。⑤ 2010 年，根据 ARF 第 17 次会议的决定，俄罗斯和马来西亚、澳大利亚共同主持了关于网络安全和网络反恐话题的会议。在俄罗斯的倡议下，2012 年 7 月举行的 ARF 第 19 次会议通过了一份重要文件——《在确保网络安全方面开

① Alicia P. Q. Wittmeyer, "Japan, ASEAN Team up for Cyber Defense", October 8, 2012, http://foreignpolicy. com/2012/10/08/japan-asean-team-up-for-cyberdefense/.

② "Overview of ASEAN-Japan Dialogue Relations", ASEAN official website, as of 22 January 2015, http://www. asean. org/news/item/asean-japan-dialogue-relations.

③ 该政策（Basic Policy to Support Cybersecurity Capacity-Building in Developing Countries）旨在在全球范围内降低网络安全脆弱性以使风险最小化，提升那些依赖发展中国家关键基础设施的日本公民在海外日常生活和企业经营中的安全感，在发展中国家发展日本的信息通讯产业等。

④ Mihoko Matsubara, "How Japan is Addressing Cybersecurity Awareness and Capacity-Building Challenges in ASEAN", July 26, 2017, https://www. securityroundtable. org/how-japan-is-addressing-cybersecurity-awareness-and-capacity-building-challenges-in-asean/.

⑤ "Overview ASEAN-Russia Dialogue Relations", ASEAN official website, as of October 2017, https://asean. org/storage/2012/05/Overview-ASEAN-Russia-as-of-October – 2017. pdf.

展合作的声明》。根据该声明的条款，俄罗斯、澳大利亚和马来西亚开始讨论《ARF 有关信息通信技术使用安全的工作计划》。俄罗斯参与了 ARF 框架内与网络安全有关的各项讨论，包括形成通用术语、信心建立措施、网络空间中的共同原则和行为规范、数据交换和分享最佳实践、打击跨境网络犯罪和网络恐怖主义、建立地区性竞争中心和专家网络等。俄罗斯研究人员认为，在 ARF 开展的各项活动中应当进一步融入打击网络恐怖主义的内容。他们还认为，制定网络空间行为准则、打击网络犯罪、制定信心建立措施，这些可以借助一轨半外交的方式实现，即官方背景和非官方背景的专家一起合作，这也是东盟国家比较喜欢的方式。[①] 不过，俄罗斯和东盟目前在网络安全合作方面仍存在分歧，这也是双方在2018年8月举行的东盟外长会议期间未能如期发布网络安全合作声明的原因。据路透社披露，该文本草案称"通过发布东盟和俄罗斯外长关于网络安全领域合作的声明，我们欢迎进一步强化（我们）与俄罗斯在网络安全方面的合作"，但东盟国家最终未能与俄罗斯达成协议。[②]

　　与俄罗斯相似的是，中国与东盟在网络安全治理方面的合作起步较晚，这与中国、俄罗斯更为重视在联合国平台上推动网络安全国际规范有关。[③] 近年来，中国和东盟在网络安全治理方面的合作有逐渐升温之势。与西方国家不同的是，中国倡导的理念是，网络国际治理应遵循

---

① PIR Center "Common Agenda for Russia and ASEAN in Cyberspace: Countering Global Threats, Strengthening Cybersecurity, and Fostering Cooperation", *Security Index: A Russian Journal on International Security*, 20: 2, 2014, pp. 75 – 87.

② "Singapore: Southeast Asia Falls Short on Cybersecurity Pact with Russia", Reuters, August 6, 2018, http://www.asianage.com/technology/in-other-news/060818/singapore-southeast-asia-falls-short-on-cybersecurity-pact-with-russia.html; "ASEAN Seeks Cyber Security Deal with Russia", Reuters, August 2, 2018, https://www.malaysiakini.com/news/437083.

③ 2011 年9月，上合组织的四个成员国——中国、俄罗斯、塔吉克斯坦和乌兹别克斯坦向联合国秘书长提交关于国际信息安全的行为准则草案。

《联合国宪章》所确立的国家主权原则和不干涉内政原则，加强国际网络安全应当重视各国互联网公共政策背后的文化因素，在相互尊重和包容的基础上推进合作。① 这一理念与以相互尊重主权、不干涉内政为特点的"东盟方式"相符合，有助于双方开展更进一步的合作。在上述理念的指引下，2013 年 9 月，中国首次举办 ARF 框架下的网络安全研讨会，从法律和文化的视角探讨加强网络安全的措施。中方代表在研讨会上表示，中国愿与国际社会一起，通过 ARF 等多边机制拓展交流与合作，共同推动网络空间国际规则的制定和实施；应当重视和加强发展中国家的能力建设，推动建立公正、民主、透明的互联网国际管理机制，发挥联合国的主渠道作用。2014 年 9 月，首届中国—东盟网络空间论坛在广西南宁举行，这是在中国—东盟博览会框架下首次举办的网络空间论坛，主题是"发展与合作"。中方提出，中国与东盟要加强互联互通，深化网络空间合作，共同打造中国—东盟信息港，使之成为建设"21 世纪海上丝绸之路"的信息枢纽。2015 年 9 月，在以"互联网＋海上丝绸之路——合作·互利·共赢"为主题的中国—东盟信息港论坛上，中方就中国—东盟网络空间合作进一步提出八点合作倡议，包括：（1）共享网络空间发展成果，携手建设更为紧密的中国—东盟命运共同体，共同建设"21 世纪海上丝绸之路"，为本地区人民带来更多福祉；（2）共同打造中国—东盟信息港，推动区域网络信息基础设施建设，促进互联互通，建立互联网经济区域共同市场，广泛吸纳各方共同建设、共同发展，实现互利互惠、合作共赢；（3）充分尊重各国网络主权，推动建立多边、民主、透明的国际互联网治理体系；（4）切实维护网络安全，防范网络攻击，维护公民合法权益；（5）共同打击网络恐怖主义，不让网络成为恐怖主义的温床；（6）共同打击网络犯

---

① 王慧慧："外交部：中国愿通过 ARF 拓展网络安全合作"，新华网，2013 年 9 月 11 日电，http://www.gov.cn/jrzg/2013-09/11/content_2486292.htm。

罪，打击窃取信息、侵犯隐私等行为；（7）加大未成年人网络保护力度，营造安全、健康的网络环境；（8）通过互联网深化经贸、人文、技术等各领域合作，让网络化、信息化更好地引领未来、驱动发展。[①] 近些年，中国和东盟加快了在通讯和信息技术领域的合作。2017 年，中国针对东盟开展了五项与通讯和信息技术相关的培训活动，内容涉及网络安全应急能力建设、制造业和互联网融合发展、通讯和信息技术基础设施互联互通等，有力地推动了东盟和中国信息通讯技术的共同发展。[②]

总之，在国际合作方面，东盟需要在美国、日本、中国、俄罗斯等大国之间展开斡旋。尽管美国和日本竭力"利诱"东盟国家，希望与东盟合作对付中国，但东盟和美国、日本在互联网自由、数据隐私保护等问题上存在诸多分歧，合作的道路并非坦途。相反，中国提出的"网络国际治理应遵循《联合国宪章》所确立的国家主权原则和不干涉内政原则"，"加强国际网络安全应当重视各国互联网公共政策背后的文化因素，在相互尊重和包容的基础上推进合作"，与东盟的理念更为契合，双方的合作也将更具有可持续性。在网络安全合作方面，东盟或将继续在大国间扮演平衡角色，但其内部在网络安全方面缺乏协调一致的立场，这恐将成为东盟开展国际合作的"软肋"。

第四节　东盟网络安全治理的特点

东盟网络安全治理的特点主要体现在以下几个方面：

[①] 刘伟、汪军："中国—东盟信息港论坛闭幕中方提出八点合作倡议"，新华网，2015年9月15日电，http：//news. xinhuanet. com/newmedia/2015 – 09/15/c_134624461. htm。

[②] "Joint Media Statement of the 17th ASEAN Telecommunications and Information Technology Ministers Meeting and Related Meetings"，December 1，2017，http：//asean. org/storage/2012/05/14 – TELMIN – 17 – JMS_adopted. pdf.

第一，在规则治理的形式方面，东盟网络安全治理以官方层面的非正式制度安排为主体，主要采用声明、宣言、总体规划、行动计划等较为松散灵活的制度形式（见表4—2），既缺乏约束力，也欠缺执行力。与欧盟和非盟都已拥有网络安全方面的地区性指令或公约相比，东盟虽然推出了一系列声明、宣言、总体规划等，却没有专门的公约或其他具有约束力的制度，有限的合作方式主要集中于人员技术交流和各类论坛对话，这符合"东盟方式"的一贯特点。东盟网络安全倡议的缺乏主要与东盟组织机构方面的不足（包括缺乏法律权威和协调程序）有关，而造成的问题则是，面对数量和复杂性不断提高的网络威胁，东盟缺乏集体行动能力，难以开展危机管理，使真正意义上的网络安全合作难以开展。正如东盟学者所言，要确保合作，就应当在东盟成员国间达成更加强有力的正式协议，让成员国在网络犯罪的界定上达成共识，能在邻国调查网络犯罪案件并根据地区协议处理案件。①

第二，在规则治理的内容方面，东盟将网络犯罪视为主要的安全威胁，对数据和隐私保护重视不足，对网络战争（防御）鲜有提及。东盟官方的网络安全及ICT政策主要发挥推动东盟经济增长或者打击那些阻碍经济进一步发展的网络犯罪的作用，这一经济导向验证了东盟历史上主要是地区贸易集团而非政治和法律实体的定位。东盟从未将强有力的网络安全政策作为优先选择，因而成员国缺乏遵约机制，执法能力参差不齐。在数据和隐私保护方面，东盟虽然在2016年通过了《个人数据保护框架》，但其目标是"促进地区和全球贸易增长、推动信息的流动"，且不构成或产生任何具有法律约束力或可强制执行力的义务。这或许同东盟国家内部的复杂状况及其长期的人权政策有关。20世纪90年代冷战结束后，人权问题被正式提上东盟的议事日程，李光耀、马哈

---

① Khanisa, "A Secure Connection: Finding the Form of ASEAN Cyber Security Cooperation", *Journal of ASEAN Studies*, 1: 1, 2013, pp. 41 – 53.

蒂尔等东盟国家领导人对西方的普遍人权观进行批评，并提出了人权"亚洲价值观"。这种价值观强调亚洲文化在尊重政府权威、珍视社会和谐等问题上存在不同于西方个人主义传统的集体主义传统，偏重于集体权利而不是个人权利，强调人权的特殊性而不是普遍性。[①] 在这种人权观念的影响下，不论是威权体制色彩较浓的越南或缅甸，还是已经实行民主体制的新加坡、菲律宾、马来西亚和印尼，都难以在互联网自由、数据和隐私保护等方面达到欧美国家的水平，也很难在东盟层面达成强有力的数据和隐私保护机制。在网络战争（防御）方面，东盟目前尚未通过有关规范，但有迹象表明，其已开始将网络防御问题提上日程。2016 年 5 月，东盟各国防长通过了菲律宾提出的一项提案，即在东盟国防部长扩大会议（ADMM-Plus，东盟十国加上美国、中国、澳大利亚、印度、日本、韩国、新西兰和俄罗斯）内部建立一个网络安全工作组。该工作组将给各国提供一个在网络安全领域交流技能和知识以及推进合作的正式平台，它也表明东盟更加关注网络安全问题，将其当作关键的防御问题。

第三，在关系治理方面，新加坡近年来试图扮演领头羊角色，在推动东盟网络安全合作方面正发挥越来越重要的作用，但东盟目前仍没有健全的网络安全治理机制，对成员国的要求存在较大弹性。这部分是因为，东盟十国处于不同的发展阶段，拥有不同的治理类型和政治态度，要以完全一致的方式通过立法是非常困难的。比如，对于新加坡这样的发达国家、全球金融中心而言，网络犯罪的猖獗对其商业构成了威胁，该国政府对于制定更有力的打击网络犯罪的法律和提高应对网络攻击的执法能力都特别热心。但在缅甸，尽管网络犯罪也是一个问题，但是对于这样一个仍在为基本的电气化和 ICT 服务感到困扰的国家而言，政府

---

① 黄金荣："人权'亚洲价值观'的复活？——评《东盟人权宣言》"，《比较法研究》2015 年第 2 期，第 126 页。

对通过打击网络犯罪的法律和提高执法能力的重视程度显然不及新加坡。而且，一些东盟国家对超国家组织心存戒备，不愿意让步主权，这就使东盟难以达到预设的目标。正因如此，东盟虽然成立了关于网络犯罪的工作组，但还没有应对网络安全问题的常设机构，这体现了其"最小限度组织性"的偏好，也使得东盟与成员国难以在网络安全治理的过程中形成较为紧密的关系。而且，东盟有关网络安全的制度安排落后于其多数成员国，且多以宣言、声明、总体规划、行动计划等形式存在，难以对成员国形成约束力。

第四，非国家行为体在东盟网络安全治理中发挥的作用有限。一方面，第二轨道机制对官方依附性太强，不愿提出与官方理念相左的建议，故而其建议效果不甚明显。以亚太安全合作理事会为代表的第二轨道机制非常重视网络安全问题，成立了专门的研究小组，并向第一轨道的 ARF 等以备忘录的形式提交了建议，但这些建议基本都是在"迎合"官方的需要，因此也难言对官方决策产生重大影响。另一方面，以公民社会为代表的第三轨道机制受西方影响较大，提出的建议与官方理念有"云泥之隔"，在以协商达成共识为决策方式的东盟，这些有干涉各国内政之嫌的建议往往会遭到忽略和摒弃。例如，东盟公民社会会议在2015 年 4 月召开了与互联网治理有关的研讨会，提出了有关线上表达自由、线上监视、网络内容审查、数据和隐私保护等方面的建议，这些建议至少到目前为止尚未引起东盟官方的关注。

第五，东盟的网络安全政策具有一定的独立性，不愿对域外大国盲目随从，但尚未形成"大国平衡"格局。截至目前，在东盟组织召开的多边会谈（见表4—2）中，网络安全从未像南海议题、气候变化议题那样成为大国间博弈的焦点，原因包括两方面。其一，东盟本身对网络安全的重视程度尚有待提高，没有将其提高到足以威胁自身存在的战略高度，因此在东盟地区论坛等多边层面推动该议题的动力不足。其二，虽然美国、日本极力通过提供资金、技术援助的方式拉拢东盟共同对付中国，但东盟在网络安全的理念方面与美日存在较大差异，与中国的共识（如尊重国家主权、不干涉内政、在相互尊重和包容的基础上推进合作）更多，各种利益冲突使得东盟暂且没有推出"大国平衡"的策略。不过，随着全球层面对网络安全议题的日渐重视以及东盟各国政府对网络威胁认知水平的不断提高，不排除存在东盟顺应潮流，将网络安全作为单独议题提上东盟议程的可能性，届时东盟依旧有可能发挥其"小国领导大国"的独特作用。

总之，网络安全具有很多与传统安全相异的特点，属于东盟近些年面临的新问题和新挑战之一。但是，东盟对网络威胁的"安全化"程度较低，将网络安全更多地视为网络犯罪（东盟认为网络恐怖主义亦属于网络犯罪）问题，因此在其组织内部依旧采用传统的方式开展网络安全治理，即强调非正式性、协商以达成共识、不干涉内政等。在对外关系方面，域外大国试图对东盟的网络安全治理施加影响，但在大国外交中一向游刃有余的东盟并未盲目随从，而是保持了政策的独立性。不过，有受技术水平和法制建设落后等因素影响，东盟在网络安全领域尚未形成"大国平衡"的格局。

东盟现有的网络安全倡议不足以应对困扰其成员国的网络犯罪问题。论坛、会议等形式的对话虽然必要，却尚未形成网络安全方面的公约，也无法支撑起有弹性的网络安全治理机制。不过，有学者认为，可以对东盟网络安全治理前景保持谨慎乐观的理由是，2007 年的《东盟宪章》以及东盟通过的两个具有法律约束力的公约[①]表明，东

---

① 2007 年 1 月东盟国家签署的《东盟反恐公约》（ACCT）是该地区首份在安全领域有法律约束力的文件，它改变了东盟以共识为基础的、缓慢的决策进程，因为其仅需要 6 个成员国批准就可以获得通过成为法律，该公约在 2011 年 5 月开始生效。2015 年11 月东盟成员国签署《东盟打击人口贩卖——妇女与儿童公约》（ACTIP），该公约于2017 年 3 月开始生效。

盟的机制建设有了新进展——东盟有意愿从一个地区经济组织转变为一个具有独特政治、法律和文化身份的组织。宪章的目标是让东盟成为地区政治和安全事务中的单一行为体、单一市场和具备先进文化身份的行为体。未来随着东盟身份的变化，东盟网络安全公约也有望成为现实。① 一个较为可行的方案是，东盟可以从各方分歧较小的领域（比如打击线上儿童色情等网络犯罪）入手，推动具有约束力的法律合作框架的达成。②

① Stacia Lee, "ASEAN Cybersecurity Profile: Finding a Path to a Resilient Regime", April 4, 2016, https://jsis. washington. edu/news/asean-cybersecurity-profile-finding-path-resilient-regime/.

② Qiheng Chen, "Time for ASEAN to Get Serious about Cyber Crime", *The Diplomat*, August 2, 2017, https://thediplomat. com/2017/08/time-for-asean-to-get-serious-about-cyber-crime/.

第五章

非盟网络安全治理

由于网络攻击者的匿名性、网络归因溯源技术的受限性以及网络空间本身的互联互通性，网络安全具有全球性和无国界性的特点。这意味着，任何一个国家或地区的网络安全治理状况都与其他地方休戚相关，即使是因积贫积弱而在国际舞台上一直被边缘化的非洲大陆也不例外。近年来，随着非洲大陆互联网普及率的大幅提高，以及国际社会对网络安全治理的日益重视，非洲各行为体也开始加快设计网络安全方面的制度框架，了解和掌握这些最新进展对中国而言具有很强的现实意义。

第一节　相关研究的进展及不足

从国内外的研究情况来看，2010 年以前，研究非洲网络问题的学术文章基本上都在讨论信息通讯技术对非洲经济发展、教育、医疗等方面的影响，或者非洲大陆在弥合"数字鸿沟"方面面临的机遇与挑战等，① 而关注非洲网络安全的学术类文章为数甚少，从治理的角度谈论非洲网络安全的文章更是屈指可数。唯一可圈可点的是美国佐治亚理工学院的报告，② 该文的贡献是，较为系统地梳理了东非、西非、南非、北非和中非的网络安全倡议，指出当时非洲国家在网络安全治理方面存在三方面特点——大部分非洲国家没有采取应对网络安全的措施；少数拥有网络安全倡议的国家只关注网络犯罪立法；很多国家表达了对网络安全的兴趣，但很少有国家采取实际行动。报告认为，这些特点说明，很多非洲国家认识到了网络安全的重要性，但却似乎不确定需要从何处着力以及由何方承担责任。这篇报告是当时少有的直接讨论非洲网络安全问题的文章之一，指出了非洲国家在网络安全治理方面的进展和存在的问题，但由于报告发布时间是在 2008 年，很多数据和内容都与近况相距甚远，故而文章的结论也失去了现实意义。

2010 年之后，国外学术界开始较多地出现与非洲网络安全（特别是网络犯罪）有关的文章。根据其内容和主题，这些文章大致具备以下几个特点：

---

① 此类文章包括 Dmitry Polikanov & Irina Abramova, "Africa and ICT: A Chance for Breakthrough?", *Information*, *Communication & Society*, 6: 1, 2003, pp. 42 – 56; Peter Limb, "The Digitization of Africa", *Africa Today*, 52: 2, 2005, pp. 3 – 19; Dwedor Morais Ford, "Technologizing Africa: On the Bumpy Information Highway", *Computers and Composition*, 24: 3, 2007, pp. 302 – 316; Stephen M. Mutula, "Digital Divide and Economic Development: Case Study of Sub-Saharan Africa", *The Electronic Library*, 26: 4, 2008, pp. 468 – 489; Shana R. Ponelis & Marlene A. Holmner, "ICT in Africa: Building a Better Life for All", *Information Technology for Development*, 21: 2, 2015, pp. 163 – 177; 中国进出口银行非洲电信课题组："非洲电信市场现状与发展趋势"，《西亚非洲》2009 年第 6 期，第 59—65 页；郭华明："非洲电信市场空间巨大光缆网络建设发展迅猛"，《世界电信》2013 年第 5 期，第 67—69 页。

② Kristina Cole et al., "Cybersecurity in Africa: An Assessment", Report by Georgia Institute of Technology, April 25, 2008, https://www.researchgate.net/publication/267971678_Cybersecurity_in_Africa_An_Assessment.

一是多为国别研究。[①] 与区域、次区域研究相比，国别研究能够结合特定国家的人文、地理、政治、经济、社会、军事等情况开展更全面深入的研究，故而更受研究者的青睐。在与非洲网络安全治理有关的文献中，针对单个国家——尤其是南非、尼日利亚等经济发达国家的研究成果为数最多。此类研究可以为地区组织网络安全治理的研究提供个案分析的基础，同时也能在一定程度上体现非洲网络安全治理方面的特色，但存在的问题是，有关的研究集中于个别国家，不具有普遍意义，并且相关文献很少论及非洲国家在网络安全治理方面的国际合作，特别是与非盟在网络安全治理方面的合作。

二是多围绕网络犯罪问题展开。[②] 鉴于网络犯罪是非洲面临的最严

---

① 此类文章包括 Melvin D. Ayogu and Fiona Bayat，"ICT governance：South Africa"，*Telecommunications Policy*，2010，pp. 244 – 247；Marthie Grobler，Joey Jansen van Vuuren and Louise Leenen，"Implementation of a Cyber Security Policy in South Africa：Reflection on Progress and the Way Forward"，*ICT Critical Infrastructures and Society*，Vol. 386，2012，pp. 215 – 225；Dlamini，Z and Modise，M.，"Cyber Security Awareness Initiatives in South Africa：A Synergy Approach"，7th International Conference on Information Warfare and Security，University of Washington，Seattle，USA，22 – 23 March，2012；Marthie Grobler，Joey Jansen van Vuuren and Jannie Zaaiman，"Preparing South Africa for Cyber Crime and Cyber Defense"，*Systemics Cybernetics and Informatics*，11：7，2013，pp. 32 – 40；Fawzia Cassim，"Addressing the Growing Spectre of Cyber Crime in Africa：Evaluating Measures Adopted by South Africa and Other Regional Role Players"，*The Comparative and International Law Journal of Southern Africa*，44：1，2011，pp. 123 – 138；Richard Boateng，Longe Olumide，Robert Stephen Isabalija and Joseph Budu，"Sakawa-Cybercrime and Criminality in Ghana"，*Journal of Information Technology Impact*，11：2，2011，pp. 85 – 100；Roseline Obada Moses-Òkè，"Cyber Capacity without Cyber Security：A Case Study of Nigeria's National Policy for Information Technology"，*The Journal of Philosophy*，*Science & Law*，Vol. 12，May 30，2012，pp. 1 – 14。

② 此类文章包括 Eric Agwe-Mbarika Akuta，Isaac Monari Ong'oa and Chanika Renee Jones，"Combating Cyber Crime in Sub-Sahara Africa：A Discourse on Law，Policy and Practice"，*Journal of Research in Peace*，*Gender and Development*，1：4，2011，pp. 129 – 137；Henry Osborn Quarshie，"Fighting Cyber Crime in Africa-Issues of Jurisdiction"，*Journal of Emerging Trends in Computing and Information Sciences*，4：1，2013，pp. 42 – 44；Patrick Mwaita and Maureen Owor，"Workshop Report on Effective Cybercrime Legislation in Eastern Africa"，August 2013；Fawzia Cassim，"Addressing the Growing Spectre of Cyber Crime in Africa：Evaluating Measures Adopted by South Africa and Other Regional Role Players"，*The Comparative and International Law Journal of Southern Africa*，44：1，2011，pp. 123 – 138；Eric Tamarkin，"The AU's Cybercrime Response"，ISS Policy Brief 73，January 2015。

重、最紧迫的网络安全问题，多数文献都围绕该议题展开。此类文献普遍存在的特点是，一方面通过数据和案例强调非洲网络犯罪问题的严重性，另一方面着力探讨非洲国家应以何种方式参与打击网络犯罪的全球合作，特别是在制度安排上如何处理与现有的《布达佩斯网络犯罪公约》的关系问题。比如，南非学者法齐娅·卡西姆（Fawzia Cassim）提出，一些非洲国家已经借助国内立法和地区合作等举措应对网络犯罪问题，这值得称赞，但若要避免成为国际网络犯罪的目标，所有的非洲国家都应当加入《布达佩斯网络犯罪公约》。[①] 不过，他也主张，在加入国际公约的同时，非洲国家也应建立地区合作关系并签署多边协议。[②]而且，在2014年6月非盟通过了关于网络安全和个人数据保护的公约后，学者仍然主张非洲国家应加入《布达佩斯网络犯罪公约》。曾在美国参议院国土安全和政府事务委员会担任高级顾问的埃里克·塔马金（Eric Tamarkin）就提出，非盟公约有助于推动非洲国家采取积极的国内措施帮助遏制网络犯罪，但其内容过于宽泛，非洲国家应聚焦该公约的网络犯罪条款，加强能力建设，同时加入非洲大陆之外的国际网络犯罪条约，这些才是遏制非洲和全球网络犯罪活动泛滥的最直接、最有效手段。[③]

---

① 截至2018年8月，非洲国家中仅有毛里求斯、佛得角、摩洛哥、塞内加尔加入了《布达佩斯网络犯罪公约》，https：//www. coe. int/en/web/conventions/full-list/ - /conventions/treaty/185/signatures? p_auth = QBHgIdl3。

② Fawzia Cassim, "Addressing the Growing Spectre of Cyber Crime in Africa: Evaluating Measures Adopted by South Africa and Other Regional Role Players", *The Comparative and International Law Journal of Southern Africa*, 44：1, 2011, pp. 123 – 138.

③ Eric Tamarkin, "The AU's Cybercrime Response", *ISS Policy Brief* 73, January 2015, p. 1, https：//www. africaportal. org/publications/the-aus-cybercrime-response-a-positive-start-but-substantial-challenges-ahead/.

三是多为一些国际组织、企业或机构的策论或简报。① 此类文献的特点是更加注重对策研究，在理论方面略显不足。比如，联合国非洲经济委员会（UNECA）2014 年发布的一份政策简报在简要介绍和分析了非洲网络安全现状和挑战后，提出了三方面的政策建议。首先，在政策、法规和监管机制层面，非洲各国应建立法律框架，并推动各国政策和法律框架的协调一致化。其次，在技术层面，应着力发展基础设施和服务，并投资研发。最后，在社会层面，应加强网络安全教育并推动利益攸关方的参与。②

由此可见，国外学术界近年来关于非洲网络安全治理的研究成果日渐增多，但对于地区主义视角下的非洲网络安全治理尚缺乏深入系统的研究，特别是对非盟、次区域组织、国家和非政府组织合作应对网络安全问题的研究不足。国内对非洲网络安全的研究更为滞后，在中国知网（CNKI）上以"非洲""网络""互联网"和"安全"为关键词进行搜索，相关文章数量少，并且基本都是关于非洲电信市场发展状况的调查研究，对于非洲网络安全治理状况甚至没有描述性介绍。国内外研究现状都验证了本书的研究意义。

非洲大陆的网络安全现状如何？为了开展网络安全治理，非洲在不同层面做出了怎样的制度安排？还面临怎样的问题和挑战？这些都是本书所要研究的问题。

---

① UNECA, "Tackling the Challenges of Cybersecurity in Africa", Policy Brief NTIS/002/2014; Loucif Kharouni, "Africa: A New Safe Harbor for Cybercriminals?", *Trend Micro Incorporated Research Paper*, 2013; UNCTAD, "Harmonizing Cyberlaws and Regulations: the Experience of the East African Community", August 16, 2013; African Development Bank Group, "Connecting Africa: An Assessment of Progress towards the Connect Africa Summit Goals", May 2013.

② UNECA, "Tackling the Challenges of Cybersecurity in Africa", Policy Brief NTIS/002/2014, https://www.uneca.org/sites/default/files/PublicationFiles/ntis_policy_brief_1.pdf.

第二节 非盟网络安全的现状与理念

与欧盟和东盟相比，非盟的成员国数量最多，几乎涵盖了非洲大陆的所有国家，非盟网络安全的现状和理念实际上也是非洲大陆网络安全的现状和理念。

一、非盟国家的网络安全现状

每个国家和地区的网络安全状况都与其互联网发展水平有着密切的关系，非洲也不例外。由于经济基础薄弱，非洲信息通信业的发展一直以来都落后于世界其他地区。近年来，由于非洲地区铺设了多条通往其他大陆的海底光缆以及连接内陆国家的陆地光缆，宽带网络的覆盖率大幅提升，非洲地区的互联网用户数量迅速增加。截至 2017 年 12 月 31 日的数据显示（详见表 5—1），非洲互联网用户超过 4.5 亿，较 2000 年底的数据增长 9941%，增速居全球首位，但互联网普及率（互联网用户占当地人口的比率）仅为 35.2%，仍为全球最低水平。①

表 5—1　全球互联网使用和人口统计数据（截至 2017 年 12 月 31 日）

地区	人口	互联网用户数据	互联网普及率	增长率（2000—2018 年）	占全球互联网用户的比重
非洲	1287914329	453329534	35.2%	9941%	10.9%
亚洲	4207588157	2023630194	48.1%	1670%	48.7%
欧洲	827650849	704833752	85.2%	570%	17%
中东	254438981	164037259	64.5%	4893%	3.9%

① 数据来源：http：//www.internetworldstats.com/stats.htm，updated on December 31，2017。

地区	人口	互联网用户数据	互联网普及率	增长率（2000—2018年）	占全球互联网用户的比重
北美	363844662	345660847	95%	219%	8.3%
拉丁美洲/加勒比地区	652047996	437001277	67%	2318%	10.5%
大洋洲/澳大利亚	41273454	28439277	68.9%	273%	0.7%
全球	7634758428	4156932140	54.4%	1052%	100%

资料来源：www. internetworldstats. com，登录时间：2018 年 4 月 2 日。

除了互联网普及率总体落后之外，非洲各国间的互联网发展水平也存在较大差异。截至 2017 年 12 月底，非洲互联网普及率最高的国家包括肯尼亚（85%）、塞舌尔（70.5%）、突尼斯（67.7%）、马里（65.3%）和南非（53.7%），同期中国的互联网普及率为 54.6%。但非洲也是互联网普及率低于 10% 的国家数量最多的大洲，包括厄立特里亚（1.4%）、尼日尔（4.3%）、乍得（5%）、中非共和国（5.4%）和布隆迪（5.5%）等 12 个国家。[1]

非洲互联网发展的另一特点是，移动终端为主要的上网途径。非洲绝大多数地方都没有经过固网的阶段而是直接进入移动互联网时代，多数非洲人首次"触网"都是通过其手机。这与非洲的陆地光缆不发达、电力供应不够稳定、手机价格比电脑价格低等多种因素有关。国际电信联盟的数据显示，2017 年非洲的固网普及率只有 0.4%，而同年其移动互联网普及率已从 2010 年的 1.8% 增至近 26%。[2]

---

① 数据来源：http：//www. internetworldstats. com/stats1. htm, updated on December 31, 2017。

② ITU, "Key ICT Indicators for Developed and Developing Countries and the World (2005 - 2017)", https：//www. itu. int/en/ITU-D/Statistics/Pages/stat/default. aspx.

正是由于非洲互联网建设起步晚、发展快，该地区才会存在网络犯罪异常猖獗、相关法律制度及执法能力滞后、公众和企业网络安全意识相对薄弱等诸多问题。具体而言，非洲地区的网络安全具有以下几个特点：

其一，网络犯罪是非洲网络安全治理的重点。以互联网技术为基础的"数据革命"有助于非洲的经济增长，但如果非洲的网络安全标准得不到提高，这种增长潜力也会遭到破坏。非洲的 GDP 总量约占全球的 2%，但网络犯罪的发生数量却占全球的 10%。① 网络犯罪不仅给非洲国家带来了巨大的直接经济损失，还影响了非洲国家的形象，如果一直得不到有效治理，将影响非洲经济的崛起。设在内罗毕的网络安全咨询公司 Serianu 公布的报告显示，网络犯罪 2017 年给非洲国家造成了约 35 亿美元的经济损失，其中金融机构受影响最大。② 非洲最大的经济体——尼日利亚 2016 年披露的数据称，该国每年因网络犯罪造成的损失约为 1270 亿奈拉（约合 4 亿美元），占 GDP 比重为 0.08%。③ 而思科公司的网络安全年度报告指出，肯尼亚、坦桑尼亚和乌干达 2016 年因网络犯罪造成的损失分别为 1.71 亿美元、8500 万美元和 3500 万美元。④

就网络犯罪的具体形式而言，前些年非洲的网络犯罪大多与金融诈骗相关，数字化程度相对较低，因为从技术层面来看，比较严重的网络

---

① Timothy Harkness, "The Growing Threat of Cyber Attacks in Africa", Bloomberg BNA, 15：5，May 2015，p. 2，https：//www. freshfields. us/globalassets/noindex/the-growing-threat-of-cyber-attacks-in-africa. pdf.

② Ken Macharia, "Kenya Lost Sh21. 2b through Cyber Security in 2017", April 10, 2018, https：//www. capitalfm. co. ke/business/2018/04/kenya-lost-sh21 - 2b-cyber-security - 2017/.

③ Abuja Blessing Olaifa, "Nigeria Loses 127 Billion Yearly to Cybercrime, Says Minister", July 19, 2016, http：//thenationonlineng. net/nigeria-loses - 127 - billion-yearly-cybercrime-says-minister/.

④ Fredrick Obura, "Kenya Worst Hit in East Africa by Cyber Crime", April 10, 2017, https：//www. standardmedia. co. ke/business/article/2001235820/kenya-worst-hit-in-east-africa-by-cyber-crime.

犯罪对带宽和互联网普及率有一定要求，10%—15%的互联网普及率是大规模黑客活动的最低要求。① 几年前，多数非洲国家都没有光纤电缆，只能依赖速度较慢的卫星连接方式，这意味着攻击当地网站时需要的时间更长。从网络犯罪分子的角度来说，这种条件对于有效开展网络攻击是很不可靠的，因此"尼日利亚诈骗"② 是前些年非洲网络犯罪的主要形式之一，这种犯罪形式数字化水平较低，只是将电子邮件作为诈骗的传播途径，还需要罪犯和受害者之间的互动。但是，近些年，随着数条光纤海底电缆和陆地电缆的铺设完成，非洲的网络犯罪形式日渐升级，犯罪分子掌握了更加高级的手段（如恶意代码和僵尸邮件），网络攻击的频率也逐渐增加。非洲大陆每年发生的网络攻击高达数亿次，其中南非、尼日利亚和肯尼亚情况最为严重。③ 特别是随着移动互联网用户的增加，手机银行正成为网络犯罪分子的新目标。非洲很多金融机构的应用程序都没有做好安全工作，缺乏加密程序，容易遭受恶意钓鱼攻击。

其二，非洲公众和企业的网络安全意识较弱，国家和地区层面缺乏合适的法律框架，并且存在能力建设不足的问题。尽管非洲拥有众多网吧，但供应商多数时候未能提供适当的杀毒软件，致使这些电脑很容易成为僵尸网络操控者及黑客的目标。据网络安全专家估计，非洲大陆约

---

① M Reilly, "Beware, Botnets have Your PC in Their Sights", *New Scientist*, 196：26, 2007, pp. 22 - 23.

② 根据百度百科的定义，"尼日利亚诈骗"是一种从20世纪80年代就开始流行的金融诈骗手段，因源于尼日利亚而得名，与此国家并无直接关系。诈骗者通常会声称有一笔巨款需要转账，向受骗者承诺只要事先支付一笔费用，就可以获得数量可观的佣金，在取得信任后，诈骗者就会以各种理由收取手续费或其他费用，待行骗成功后，骗子立马消失得无影无踪。"尼日利亚诈骗"也称"419诈骗"，后者源于尼日利亚颁布的专门禁止金融诈骗的419号法律。

③ Kenneth Munyi, "Hundreds of Millions of Cyber-attacks Take Place Every Year in Africa", January 17, 2018, https：//www. standardmedia. co. ke/business/article/2001266236/why-you-need-to-prioritise-data-protection-in - 2018.

80% 的个人计算机都已遭病毒入侵或者被植入恶意程序。^① 一旦这些计算机被有不良意图的个人或组织劫持，这些僵尸电脑便会被人任意控制，用来发送垃圾邮件或病毒。此外，非洲国家和地区层面还缺乏完善、协调一致的法律框架，执法机构的人员、情报和基础设施都配置不足。^②

其三，在西方发达国家的"传授"和非政府组织等公民社会代表的倡导下，隐私和数据保护等成为非洲网络安全的重要内容。与原来的草案相比，非盟 2014 年 6 月通过的《关于网络安全和个人数据保护的公约》中加入了数据保护的内容，从而使非洲成为欧洲之外第一个通过数据保护公约的地区。截至 2015 年 2 月，已有 14 个非洲国家拥有隐私框架法律和某种类型的数据保护主管机构，一旦非盟公约经成员国批准生效后，很多其他国家很可能也会根据公约的要求制定数据保护法。分析人士认为，非盟公约复制的是欧盟的数据保护模式，即每个成员国都拥有本国的数据保护法和管理机构。^③

其四，与隐私和数据保护多受西方影响不同，电子交易和打击网络犯罪等内容是非洲各利益攸关方出于自身现实需要而建构的网络安全内容。日益猖獗的网络犯罪问题已经让非洲国家认识到，必须建立相关的法律法规来确保电子交易和网络环境的安全，如此才能推动互联网经济的快速发展并从中获益。同时，与西方国家以及上合组织成员国相比，非洲国家对网络战争、网络恐怖主义等问题的关注程度较低，这实际上是非洲国家在安全治理中普遍重视低级政治问题、无暇顾及高级政治问

---

① ［美］斯蒂芬·加迪，柴志廷译："世界最大僵尸网络或藏非洲"，《世界报》2010 年 4 月 14 日，第 9 版。

② Fawzia Cassim, "Addressing the Growing Spectre of Cyber Crime in Africa: Evaluating Measures Adopted by South Africa and Other Regional Role Players", *The Comparative and International Law Journal of Southern Africa*, 44: 1, March 2011, p. 127.

③ Cynthia O'Donoghue, "New Data Protection Laws in Africa", February 19, 2015, http://www.technologylawdispatch.com/2015/02/regulatory/new-data-protection-laws-in-africa/.

题的体现。

二、非盟的网络安全理念

官方文件和非洲学者的研究成果表明，非洲各种类型的行为体建构网络安全的方式并不完全一致，但电子交易、个人数据保护和网络犯罪是其共同重视的网络安全内容。

作为非盟网络安全理念最集中的体现，2014 年 6 月通过的《非盟关于网络安全和个人数据保护的公约》[①]并没有直接阐释其对网络安全的理解。虽然公约题目中含有网络安全的字眼，但全文并未界定网络安全的概念，只能从公约文本的相关内容中推测非盟国家对网络安全的理解与看法。公约前言中提到，"认识到公约旨在监管一个快速发展的科技领域，目标是满足有着不同利益的众多行为体的高水平期待，公约阐述了在电子交易、个人数据保护和打击网络犯罪方面建立可信数据空间必不可少的安全规则"。这在某种程度上说明，非盟建构的网络安全概念主要包括电子交易、个人数据保护和网络犯罪这三大领域。

非洲的次区域经济组织在该地区的集体安全机制中亦扮演重要角色。这些次区域经济组织建构的网络安全强调的也是电子商务、网络犯罪、数据保护等方面。例如，2009 年东非共同体在非洲次区域经济组织中第一个通过了网络法框架。该框架分为两个阶段：第一阶段涵盖电子交易、电子签名和鉴定、网络犯罪、数据保护和隐私；第二阶段涵盖知识产权、竞争、电子税务和信息安全。[②] 南部非洲发展共同体 2012 年

---

① African Union, "African Union Convention on Cyber Security and Personal Data Protection", June 27, 2014, pp. 1 – 3, http: //pages. au. int/sites/default/files/en _ AU% 20Convention% 20on% 20CyberSecurity% 20Pers% 20Data% 20Protec% 20AUCyC% 20adopted% 20Malabo. pdf.

② UNCTAD, "Harmonizing Cyberlaws and Regulations: the Experience of the East African Community", August 16, 2013, p. iii, http: //unctad. org/en/pages/PublicationWebflyer. aspx? publicationid = 251.

在博茨瓦纳召开的部长会议上通过了关于数据保护的示范法、关于网络犯罪的示范法和关于电子交易的示范法。西非国家经济共同体也已经设立关于电子交易的法律框架（Supplementary Act A/SA. 2/01/10）、关于网络犯罪的法律框架（Directive 1/08/11）和关于个人数据保护的法律框架（Supplementary Act A/SA. 1/01/10）。①

部分非洲国家制定的网络安全政策或法规中虽然包含对网络安全的定义，但用语模糊，解释空间较大，可以被视为包括电子商务、网络犯罪、数据保护甚至更多内容。比如，南非电信部 2009 年推出的网络安全政策指出，网络安全指的是保护数据和系统免于未经授权的准入、使用、公开、破坏、修改，或者免于遭受互联网被破坏的影响。② 肯尼亚信息通讯技术部 2014 年提出的《国家网络安全战略》将网络安全定义为：保护以计算机为基础的设备、信息和服务免受意想不到的或未经授权的准入、改变或破坏的过程和机制。③

非洲学者曾对网络安全概念做出过界定。尼日利亚学者奥拉耶米（Olayemi）提出，网络安全是指保护网络空间，使其免受威胁，通常包括三方面内容：旨在保护计算机、计算机网络、相关软硬件设备和其中包含的信息、软件和数据，使其免受各种威胁（包括对国家安全的威胁）的一系列活动和措施；开展这些活动和应用这些措施给上述对象带来的保护程度；在相关领域开展的包括研究和分析在内的各种专业活

① ECOWAS, "Strategy on Cyber security", July 21, 2014, http://www. africatelecomit. com/ecowas-strategy-on-cybersecurity.

② The Department of Communications of the Republic of South Africa, "Cyber Security Policy of South Africa", August 2009, p. 18, http://www. ellipsis. co. za/wp-content/uploads/2011/02/CY-BER-SECURITY-POLICY-draft. pdf.

③ Kenyan Ministry of Information, Communications and Technology, "National Cybersecurity Strategy", 2014, p. 17, http://www. icta. go. ke/wp-content/uploads/2014/03/GOK-national-cy-bersecurity-strategy. pdf.

动。① 他还指出，网络安全的内涵不止是信息安全或数据安全，但与后两者也存在密切关系，因为信息安全是网络安全的核心。由此可见，这位非洲学者阐释的是广义的网络安全概念：网络安全是要保护计算机等免受各种威胁（包括对国家安全的威胁），意味着网络战争、网络犯罪、网络间谍等活动都应当在其范畴之内。

第三节　非盟网络安全治理的路径

由于非洲多数国家的脆弱性以及安全治理自主权向非洲的回归与安全外部依赖性的并存，非洲形成的是一种包括非盟、次区域组织、成员国、公民社会在内的多层次安全治理体系。② 其内部以非盟为最高机构、以成员国为基础、以次区域组织为支撑、以公民社会为监督，外部与美国、欧盟、联合国等形成密切的合作关系。因此，非盟的安全治理实际上是非盟与成员国、次区域组织、公民社会协作应对共同安全威胁的过程，同时受历史和现实因素影响，与这一过程相伴随的是美欧等外部力量的影响和渗透。鉴于此，本书将在研究非盟本身网络安全规则治理情况的同时，考察非盟与成员国、次区域组织、公民社会和域外力量在应对网络威胁的过程中形成的各种关系，进而建立起关系治理与规则治理之间的联系。

一、非盟的规则治理情况

一直在非洲安全建构中扮演主体性角色的非盟将这种角色延伸

---

① Odumesi John Olayemi, "A Socio-technological Analysis of Cybercrime and Cyber Security in Nigeria", *International Journal of Sociology and Anthropology*, 6：3, 2014, pp. 118 – 125.

② 王学军："非洲多层安全治理论析"，《国际论坛》2011 年第 1 期，第 8 页。

到网络安全领域。受信息通讯技术在非洲普及较晚因素的影响，非盟直到 21 世纪第一个 10 年临近结束之时才开始提出有关网络安全的监管倡议，其最早的相关声明见于 2008 年推出的《非盟关于电信和信息通讯技术政策和监管一致化的研究报告草案》。[①] 该草案强调了建立有关网络安全的地区政策和监管框架的必要性。2009 年 11 月，非盟成员国电信和信息技术部长级官员在南非约翰内斯堡举行特别会议，通过了《奥利弗·坦博宣言》（Oliver Tambo Declaration）。该宣言要求，非盟应与联合国非洲经济委员会（UNECA）一起，在非洲信息社会倡议的框架下制定"符合非洲大陆需要"的网络立法公约，并且建议非盟所有的成员国应当在 2012 年前通过该公约。

2011 年，在非盟与联合国非洲经济委员会的共同努力下，《建立非洲可信赖的网络安全法律框架的公约草案》诞生。[②] 2012 年 9 月和 2013 年 1 月，该草案先后在非盟网络安全专家小组和非盟执行委员会第 22 届常务会议上获得通过。按照日程，该公约草案本应在 2014 年 1 月的非盟峰会上获得通过，但来自公民社会和学术界的反对声音使草案搁浅。反对者认为，该草案的提出没有经过广泛磋商，在保护隐私和言论自由方面做得不够。[③] 迫于各方压力，非盟在 2014 年 5 月举行专家会议，对该公约进行了全面审议，并将其更名。

---

① African Union, "Study on Harmonization of Telecommunication, Information and Communication Technologies Policies and Regulation in Africa: Draft Report", March 2008, http://www.itu.int/ITU-D/projects/ITU_EC_ACP/hipssa/docs/2_Draft_Report_Study_on_Telecom_ICT_Policy_31_March_08.pdf.

② African Union Commission, "Draft African Union Convention on the Establishment of a Credible Legal Framework for Cybersecurity in Africa", 2011, http://www.itu.int/ITU_EC_ACP/hipssa/events/2011/WDOcs/CA_5/Draft% 20Convention% 20on% 20Cyberlegislation% 20in% 20Africa% 20Draft0.pdf.

③ NATO CCD-COE, "African Union Adopts Convention on Cyber Security", July 14, 2014, https://ccdcoe.org/african-union-adopts-convention-cyber-security.html.

2014 年 6 月，非盟国家在赤道几内亚的首都马拉博召开的非盟大会第 23 届常务会议上通过了《非盟关于网络安全和个人数据保护的公约》。该公约的重要意义在于，它是目前全球唯一一个涵盖网络安全三大议题领域（电子交易、个人数据保护和网络犯罪）的法律文件，也使非洲成为欧洲之外首个通过数据保护公约的地区。① 非盟公约在网络安全治理上采取了整体处理方法（holistic approach），要求成员国建立网络安全方面的法律、政策和机构性治理机制。非洲网络风险研究所（African Cyber Risk Institute）的主管贝扎·贝拉涅（Beza Belayneh）表示，对于很多不具备打击网络犯罪法律基础的国家来说，公约是一个启动器（jumpstart），"它以本土化的方式提供了制定计算机或网络安全法律的指导"。但是，公约可能限制公众的自由表达权，并允许当局者轻易截获个人数据。贝拉涅认为，公约是律师起草的，但网络安全和网络犯罪需要的是多部门合作的方法——网络安全教育者、研究者、NGO、道德黑客（ethical hackers）都应当参与其中，这样就会产生多维度的框架而非法律文本。②

非盟公约中很多与数据保护有关的内容都是欧盟相关制度的映照。比如，非盟公约也要求成员国建立独立的国家数据保护机构（data protection authority，DPA），该机构必须拥有广泛的权力，包括调查、评价、警示、通知、罚款等。公约要求数据掌握者"不能转移个人数据"到非盟之外的国家，除非接受国"确保提供恰当水平的保护"，"恰当"

---

① Halefom Hailu Abraha, "Ethiopia Should Consider Ratifying the AU Convention on Cyber Security and Personal Data Protection", October 5, 2015, http://www.ethiocyberlaws.com/ethiopia-should-consider-ratifying-the-african-union-au-convention-on-cyber-security-and-personal-data-protection/.

② Tom Jackson, "Can Africa Fight Cybercrime and Preserve Human Rights?", April 10, 2015, https://www.bbc.com/news/business - 32079748.

一词与欧盟数据保护指令第 25 条使用的术语一致。① 但总体而言，公约中仍存在诸多不足。

其一，非盟公约涵盖的范围太过广泛，包括电子商务、数据保护、网络犯罪等，这使其内容显得冗长繁琐，不利于成员国批准公约。非洲国家首先应当关注的是其有关网络安全和网络犯罪的条款。②

其二，该公约必须获得 15 个非盟成员国的批准才能生效，但截至 2018 年 5 月，仅有塞内加尔和毛里求斯两个国家批准了该公约，③ 这使其前景充满变数。对于南非、赞比亚、肯尼亚、毛里求斯等少数已经制定网络犯罪法的国家而言，批准公约意味着需要在弥合本国立法和公约要求的分歧方面付出努力。而对大多数尚未制定网络犯罪法的国家而言，从头开始立法也绝非易事。考虑到科技发展的日新月异，等到 15 个成员国批准该公约之时，有关的制度安排恐怕也已经落伍了。

其三，非盟公约"移植"了西方国家法规制度的很多内容，超出了非洲国家现有的执法能力，这给其批准和执行该公约制造了困难。非盟在制定公约的过程中也已预见到这一难题，并赋予"非洲发展新伙伴计划"（NEPAD，New Partnership for Africa's Development）制定和执行能力建设项目的使命，以帮助非洲国家获取短缺的技术和资源，创造网络犯罪和网络安全方面的法律和监管环境，培养高水平的网络安全技术人员等。但是，NEPAD 并不具备可以给这一计划提供融资的必要资源，

① Graham Greenleaf and Marie Georges, "The African Union's Data Privacy Convention: A Major Step toward Global Consistency?", *Privacy Laws & Business International Report*, 2014, pp. 18 – 21.

② Eric Tamarkin, "The AU's Cybercrime Response", *ISS Policy Brief* 73, January 2015, p. 4, https://www.africaportal.org/publications/the-aus-cybercrime-response-a-positive-start-but-substantial-challenges-ahead/.

③ African Union, "List of Countries Which have Signed, Ratified/Acceded to the African Union Convention on Cyber Security and Personal Data Protection", May 10, 2018, https://au.int/sites/default/files/treaties/29560-sl-african_union_convention_on_cyber_security_and_personal_data_protection.pdf.

因此这一加强非洲国家能力建设的重任实际上还是由美国、欧盟等传统的经济援助方承担。① 比如，美国 2014 年 6 月就在博茨瓦纳主办了撒哈拉南部非洲网络安全和网络犯罪研讨会，重点讨论了加强非洲国家能力建设、共同应对移动互联网安全的问题。

其四，公约在公司和政府间的信息分享方面没有设防，没有声明在打击网络犯罪时对政府权力应该有何限制，这将是很危险的。② 还有很多情况下，公约似乎将国家主权和裁量权置于国际法之上，比如在有关推进网络安全和打击网络犯罪的第三章中，公约使用了"所有被认为必要、适宜和有效的方法"，如此宽泛的裁量权就会给予国家（特别是不民主国家）滥用这些权力的空间。

其五，非盟和次区域组织间没有直接隶属关系，在实际运作过程中，其制度安排之间可能存在矛盾与冲突。非盟与各次区域组织之间是非等级制的、分工协作的关系，它们之间通过正式或非正式的制度形成了一个安全治理网络。③ 在网络安全治理方面，在非盟公约通过前，西共体、东非共同体、南部非洲发展共同体等次区域组织均已拥有与网络安全有关的法律法规，如何推动这些在主张上存在差异的规范在竞争性互动中实现协调互补，将是非洲网络安全治理面临的一大问题。

二、与成员国的合作

鉴于 2014 年通过的非盟公约尚未生效，非盟与成员国在网络安全治理方面的合作更多地体现在制度设计上。非盟的网络安全制度设计优

---

① Eric Tamarkin, "The AU's Cybercrime Response", *ISS Policy Brief* 73，January 2015，p. 5，https：//www. africaportal. org/publications/the-aus-cybercrime-response-a-positive-start-but-substantial-challenges-ahead/.

② "Africa Must Improve its Cyber-Security", AFK Insider, Feb. s25, 2015, http：//umai-zi. com/africa-must-improve-its-cyber-security/.

③ 王学军："非洲多层安全治理论析"，《国际论坛》2011 年第 1 期，第 12 页。

先于其成员国，外部因素而非成员国是非盟制度设计的主要驱动力。非盟的多数成员国因合法性不足而成为脆弱国家（或称"失败国家"），它们忙于应对贫困、艾滋病、能源危机、政治不稳定、种族冲突以及传统犯罪等更为紧迫的问题，在打击网络犯罪方面显得有些力不从心，难以应对网络安全威胁的种种挑战。

具体而言，截至 2018 年 1 月，在在非洲大陆的逾 50 个主权国家中，仅有 13 个国家——埃及、加纳、肯尼亚、毛里求斯、毛里塔尼亚、摩洛哥、尼日利亚、南非、乌干达、津巴布韦、博茨瓦纳、冈比亚、坦桑尼亚制定了国家网络安全战略。[①] 南非是较为重视网络安全立法的非洲国家，该国在非洲大陆率先引入了应对网络犯罪的立法，目前拥有多个与网络犯罪、数据隐私保护相关的专门法。[②] 比如，1996 年通过的南非宪法中就包含保护隐私的内容。2000 年，南非通过了《推进信息准入权法案（修正案）》，以使宪法第 32 条生效。2002 年的南非《电子通讯和交易法案》旨在给电子通讯和交易提供便利并开展监管。同年，南非还通过了《截取通讯和提供与通讯相关信息的法案》。2012 年，该国又推出《国家网络安全政策框架》，2013 年颁布《个人信息保护法案》。

非盟公约的通过提高了非洲国家对网络安全的重视程度，为后者国内法的制定提供了指南。公约第一章涉及电子交易的内容，要求签署国确保在其境内能自由开展电子商务活动。第二章涉及个人数据保护，要求各国致力于建立旨在强化基本人权和公众自由的法律框架，以保护实体数据和在不影响数据自由流动原则下惩罚破坏隐私的行为。公约在数据保护方面最重要的内容是，要求非盟的每个成员国组建独立的 DPA，

---

① 资料来源：NATO CCD-COE, "Cyber Security Strategy Documents", Updated on 22 January, 2018, https://ccdcoe.org/cyber-security-strategy-documents.html。

② ITU, "Cyberwellness Profile South Africa", http://www.itu.int/en/Pages/copyright.aspx.

以确保对个人数据的处理方式与公约的内容相符。为了确保 DPA 的独立性，公约还禁止政府官员、企业高管和信息通讯企业的股东成为 DPA 的成员。第三章涵盖的是网络安全和网络犯罪事宜，要求各国制定网络安全政策和战略，通过网络犯罪法，建立打击网络犯罪的机构，普及网络安全文化等。

非盟成员国也在斟酌加入公约的必要性。比如，有学者建言埃塞俄比亚应尽快加入和批准公约，理由包括：第一，加入公约能够给打击网络犯罪的国际合作提供便利。埃塞俄比亚公众大量使用脸谱等国外社交平台，数据都存储在国外，即使网络犯罪的发起者和受害者都在埃塞俄比亚，也会给数据存储国造成伤害，因此国际合作对于打击网络犯罪是十分必要的。第二，加入公约能够节省国内法与国际法接轨的成本。埃塞俄比亚的网络犯罪法和电子商务法都还在起草阶段，使国内法与公约保持一致可以节省时间和资源，否则日后还需要费时费力地弥合国内法和公约要求之间的差距。第三，加入公约能使埃塞俄比亚从非盟的能力建设项目中获益。[1]

非盟公约也确实加快了部分国家相关法律法规的通过。比如，非洲第一大经济体——尼日利亚 2015 年 5 月通过了专门的网络犯罪法。在此之前，2006 年通过的《预付费欺诈及其他相关犯罪法》是尼日利亚唯一一部涉及互联网犯罪的法律。事实上，因 "419 诈骗" 等网络犯罪导致国家形象严重受损的尼日利亚，在 2004 年就已成立网络犯罪工作组，旨在建立确保计算机系统和网络安全的法律和制度框架，但由于国内各利益攸关方对网络犯罪法案的条款存在争议，提交参议院的法案文本被多次调整，法案迟迟未能通过国民议会批准。尼日利亚一家较为活

---

① Halefom Hailu Abraha, "Ethiopia Should Consider Ratifying the AU Convention on Cyber Security and Personal Data Protection", October 5, 2015, http://www.ethiocyberlaws.com/ethiopia-should-consider-ratifying-the-african-union-au-convention-on-cyber-security-and-personal-data-protection/.

跃的公民社会组织"尼日利亚范式倡议"（Paradigm Initiative Nigeria）
透露，① 该组织一直呼吁通过强有力且公正的网络犯罪法律，"有关的
法律必须足以威慑网络犯罪的发生，但也必须足够公平，不能伤害互联
网自由，或者让政府用来打击异己分子"。该组织还表示，未来将推动
尼日利亚立法机构通过一项保护公民数字权利和自由的法案。值得一提
的是，尽管尼日利亚深受恐怖主义之害，② 该国对网络恐怖主义问题的
重视程度却不够高，在《网络犯罪法案》中虽有涉及网络恐怖主义的
条款，但内容很少，只是提到"为了恐怖主义的目的进入计算机或计算
机系统，将被处以 20 年监禁或者罚款 2500 万尼日利亚奈拉，或者二者
并罚"。其他一些非洲国家，诸如肯尼亚、马达加斯加、毛里求斯、摩
洛哥、坦桑尼亚、突尼斯和乌干达也都在积极推进国内的网络安全
立法。③

三、次区域组织的影响

　　尽管次区域组织通常被视为非洲大陆集体安全机制的辅助性力量，
但在推动网络安全合作方面，其表现出比区域组织（非盟）更活跃、
更灵活的特点，形成了次区域内合作的机制网络。非盟在其网络空间安
全和个人数据保护公约的制定过程中，曾专门咨询西非国家经济共同体
（ECOWAS，简称"西共体"）的官员，这也是非盟公约深受西非国家
（特别是中小国家）欢迎的重要原因。率先签署该公约的非洲国家全部

---

① "Nigeria's President Jonathan Signs the Cybercrime Bill into Law", May 16, 2015, ht-
tp://techloy.com/2015/05/16/nigerias-president-jonathan-signs-the-cybercrime-bill-into-law/.

② 中国驻尼日利亚经商参处："尼日利亚全球恐怖主义指数排名高居第四", 2014 年 11
月 24 日, http://www.mofcom.gov.cn/article/i/jyjl/k/201411/20141100806763.shtml.

③ Mailyn Fidler, "The African Union Cybersecurity Convention: A Missed Human Rights Op-
portunity", June 22, 2015, http://blogs.cfr.org/cyber/2015/06/22/the-african-union-cybersecu-
rity-convention-a-missed-human-rights-opportunity/.

是西非国家，比如贝宁、几内亚比绍、毛里塔尼亚、刚果和乍得等。①
非盟公约在一定程度上借鉴了次区域组织的相关倡议，并且比后者更具
有约束力。

非洲不同区域在冷战期间和冷战后陆续建立了多个次区域组织，比
如东非共同体、西非国家经济共同体、中非国家经济共同体、南部非洲
发展共同体等。冷战时期建立的次区域组织主要针对经济方面的合作，
而冷战后，各个次区域组织开始将传统安全和非传统安全作为合作的领
域，它们已逐渐成为非洲集体安全机制的重要力量。

比如，西非国家大多借助西共体来推动网络安全领域的合作。首届
西非网络犯罪峰会于 2010 年 11 月 30 日—12 月 2 日在尼日利亚的首都
阿布贾召开。会议由西共体、联合国毒品和犯罪问题办事处、尼日利亚
经济与金融犯罪委员会（EFCC）和微软共同举办，主题是"打击网络
犯罪：推动创新驱动和可持续的经济发展"。除了非洲国家外，美国、
法国、英国、奥地利、土耳其、阿拉伯联合酋长国等国，以及联合国毒
品和犯罪问题办事处、欧洲委员会、国际刑警组织、欧盟等国际组织也
派出代表出席了会议。② 2012 年 9 月和 2013 年 1 月，美国国务院先后
在塞内加尔的达卡和加纳的阿克拉组织召开了西共体法语国家和西共体
英语国家参加的西非网络安全和网络犯罪专题讨论会，共同讨论强化国
内立法、建立应急反应机制并且确保推进互联网自由和尊重人权的网络
安全全面计划。③ 2014 年一季度，西共体和联合国贸发会议联合举行了
旨在帮助西共体国家协调网络立法的研讨会。该研讨会分为两个主题，

---

① Mailyn Fidler, "Cyber Diplomacy with Africa: Lessons from the African Cybersecurity Convention", July 7, 2016, https://www.cfr.org/blog/cyber-diplomacy-africa-lessons-african-cybersecurity-convention.

② "West Africa Takes Lead in Fighting 419 Scams", December 2010, http://www.unodc.org/nigeria/en/1st-west-africa-cybercrime-summit.html.

③ US Department of State, Press Release, "West African Cybersecurity and Cybercrime Workshop", January 28, 2013, http://www.state.gov/r/pa/prs/ps/2013/01/203379.htm.

一方面要使各国网络相关立法协调一致，另一方面要强化应对网络犯罪。前者获得联合国贸发会议的资助，后者得到欧洲委员会的资助。与此同时，非洲网络法和预防网络犯罪中心（ACCP）、非洲预防犯罪和罪犯待遇研究所（UNAFRI）以及安全研究所①（ISS）也对该研讨会给予了支持。

非洲多个次区域组织都提出了预防和打击网络犯罪的倡议。比如，西共体通过了《西非国家经济共同体关于打击网络犯罪的指令（2011）》，东非共同体通过了《东非共同体网络法框架草案（2008）》，南部非洲发展共同体制定了《关于电子商务和网络犯罪的示范法（2012）》，东南非共同市场也制定了《东南非共同市场网络犯罪示范法（2011）》。② 其中，只有西共体打击网络犯罪的指令具有约束力，其余三个均不具有约束力。不过，这些不具有约束力的法律文件可以给非洲各国的立法提供参考或范例，当很多国家选择将国内法和范例法协调一致时，不具有约束力的法律文件也能产生重要影响。③

四、非国家行为体的影响

近20多年来，在西方国家的推动下，非洲以公民社会为代表的非国家行为体在功能与影响方面迅速发展，从人道主义救援、社会服务等狭窄领域扩展到经济、政治与社会发展等诸多领域，在非洲各国政治生活中的地位大大提升。它们还开始分担非洲国家的社会管理、服务甚至

---

① 安全研究所（ISS）创立于1991年，总部设在南非的比勒陀利亚，主要从事政策研究和培训工作，是非洲一家旨在推进人类安全的组织。

② ACCP, "Workshop Report on Cybercrime Legislation in West Africa", April 11, 2014, pp. 31 – 33, http：//tftcal. unctad. org/pluginfile. php/12929/mod _ resource/content/2/Workshop% 20Report% 20by% 20ACCP% 20Ghana% 2018% 20 – % 2021% 20March% 202014. pdf.

③ UNODC, "Comprehensive Study on Cybercrime（draft）" February 2013, p. 64, https：// www. unodc. org/documents/organized-crime/UNODC_CCPCJ_EG. 4 _2013/CYBERCRIME_STUDY_ 210213. pdf.

政治职能。①

在网络安全的治理方面，非洲公民社会组织亦发挥了较为突出的作用。尽管它们最初并不为非洲国家和地区组织所重视，但获得西方国家支持的公民社会组织积极发声，通过网上请愿、与政府间国际组织开展直接对话等方式，极大地影响了非洲国家和政府间组织的网络安全理念，并使公民社会的意愿在制度层面得到反映。以《非盟关于网络安全和个人数据保护的公约》为例，公民社会组织的介入迫使非盟推迟了网络安全公约草案的签署时间，并且在公约草案中增加了有关个人数据保护、隐私保护的内容。

肯尼亚斯特拉丝摩尔大学（Strathmore University）的知识产权和信息技术法律中心（CIPIT, Center for Intellectual Property and Information Technology Law）是公约草案的主要反对方。为阻止公约草案获得批准，该中心在 2013 年 9 月组织了线上请愿签名活动。正如中心项目主管罗伯特·穆瑞蒂（Robert Mureithi）所指出的那样，签名活动能让更多民众关注公约内容，并有助于培育一种线上请愿的文化。但线上签名的效果不佳，截至 2014 年 2 月 1 日，只收到 152 份签名，离 2 万份的目标相差甚远。该中心转而选择通过参与每年一次的"非洲信息通信技术周"（Africa ICT Week）与非盟的官员展开直接对话。在 2013 年 12 月举行的技术周期间，CIPIT 等公民社会组织与非盟信息社会部门举行了闭门会议，非盟同意接受其提交的修改公约草案的建议，并就公民社会组织针对公约草案提出的异议进行解释。与此同时，为了给非盟施加压力，CIPIT 一方面致信非盟，请求在公约草案的起草过程中提高非国家行为体的参与度；另一方面致信肯尼亚议会，请求就公约草案的内容举行全民公决。此外，该中心还与在肯尼亚的 IT 企业（比如谷歌和 iHub）举行圆桌讨论，以提高各方对非盟公约草案的关注度。CIPIT 提

---

① 王学军："非洲非政府组织与中非关系"，《西亚非洲》2009 年第 8 期，第 57 页。

出，公约草案给政府提供了过多权力，特别是获取私人信息的权力。比如，草案第 II (8)、II (9)、II 28 (2) 和 II 36 (9) 款都允许政府为了国家安全和公共利益的目的，可以在不经过所有者允许的情况下获取个人数据和敏感数据；在非洲，国家安全往往被理解为政权安全，该草案会允许政府获取个人数据和打击异己分子。①

CIPIT 同西方关系的密切程度可以从两方面加以判断。第一，其针对公约草案提出的反对意见。这些意见与西方公民社会倡导自由、民主、人权的主张非常一致。第二，CIPIT 本身的背景。该中心官网上披露的信息显示，其合作伙伴包括谷歌、开放技术基金、iHub、肯尼亚信息通讯技术行动网、国际互联网协会。② 而且，CIPIT 还加入了福特基金会和 Mozilla 基金会③合作提供的开放网络奖学金项目（Ford-Mozilla Open Web Fellowship），该项目是一个国际领导力倡议，旨在汇聚科技精英和公民社会组织之力以促进和保护开放的互联网。在该项目 2016 年的六家主办机构中，CIPIT 是唯一一家来自非洲的机构。④ 尽管福特基金会声称其宗旨是"加强民主价值观，减轻贫困和不公正，促进国际合作，推动人类成就"，Mozilla 基金会也将自己描述为"一个致力于在互联网领域提供多元化选择和创新的公益组织"，但它们在与 CIPIT 合作的过程中，无疑都在向后者输出美国的价值理念。

① Joel Macharia, "Africa Needs a Cybersecurity Law but AU's Proposal is Flawed, Advocates Say", January 31, 2014, http://techpresident.com/news/wegov/24712/africa-union-cybersecuri-ty-law-flawed.

② 开放技术基金（Open Technology Fund）是一家总部设在美国的非政府组织。iHub 是肯尼亚的一家科技共同体创新中心。肯尼亚信息通讯技术行动网（KICTANet, Kenya ICT Ac-tion Network）是一个提供给公众和机构的多利益攸关方模式的平台，主旨是推动信息通讯技术行业的改革，以支持经济增长。国际互联网协会（Internet Society）是一家非政府、非营利的国际组织，总部设在美国弗吉尼亚州莱斯顿地区（Reston）和瑞士的日内瓦。

③ Mozilla 基金会是为支持和领导开放源代码项目而设立的一个非营利组织，其总部位于美国加州。

④ http://advocacy.mozilla.org/open-web-fellows/.

事实上，不止 CIPIT，非洲公民社会组织大多与西方国家和社会联系密切。一方面，许多在非洲活动的公民社会组织本身就是西方公民社会组织在非洲的分支机构；另一方面，多数本土公民社会组织都是由西方国家政府或公民社会组织提供资金。正因如此，非洲的公民社会组织大多是西方理念的"代言人"。

非洲公民社会组织与西方的关系还可以从其对 ICANN 的态度上管窥。前者很少对美国借助 ICANN 操纵全球互联网域名及根服务器管理权的行为提出抗议。事实上，非洲互联网发展目前面临的主要挑战之一就是缺少域名系统（DNS，Domain Name System）。非洲互联网络信息中心（Africa Internet Network Information Center，简称 AfriNIC）的统计显示，截至 2012 年 10 月，非洲的国别顶级域名（country code top-level domains，ccTLD）共有 797952 个，只占全球的 1%；非洲的通用顶级域名（Generic top-level domain，gTLD）共 122，144 个，占全球的 0.09%；非洲的 IPv4 地址共 47522304 个，占全球的 1%。[1] 两相对比，就更能反映出非洲公民社会组织的利益倾向性。此外，自 2013 年起，非洲顶级域名组织（AfTLD）与 ICANN、ISOC 联合主办每年一度的非洲域名系统论坛，该论坛为 ICANN 在非洲战略关键目标的达成起了很大的推动作用。

五、域外力量的影响

受到成员国的脆弱性和自身资金技术能力有限性的影响，非盟的网络安全治理更多是在域外力量的影响甚至专门指导下进行的，这些力量主要来自美国、联合国和欧盟等国际组织。

联合国非洲经济委员会（UNECA）和国际电信联盟（ITU）是与非

---

[1] "ICANN's Africa Strategy Document V1.1"，October 2012，http：//www. afrinic. net/index. php？option = com_content&view = article&id = 854.

洲开展网络安全合作最多的联合国机构。UNECA 不仅与非盟共同起草了网络安全公约草案，而且在此之前，帮助西共体等次区域组织起草了有关网络安全和数据保护的法律文本。① 此外，UNECA 还与非盟委员会联合主办了非洲互联网治理论坛（AfIGF），在 2015 年 9 月举行的第四届论坛上，共有来自非洲 41 个国家的政府、私营部门、学术界、技术共同体、公民社会组织、媒体和其他利益攸关方的 150 多位代表参加，论坛对于推进各方之间的互信，保障非洲互联网治理的多利益攸关方对话模式发挥了重要作用。ITU 与非洲国家的合作主要侧重于技术层面。比如，2014 年 10 月，国际电信联盟—国际打击网络威胁多边伙伴关系（ITU-IMPACT）② 与赞比亚信息通讯技术部门联合开展了非洲地区首次网络安全演习，之后在 2015 年 5 月又与卢旺达开展了类似的网络安全演习。2015 年 2 月，ITU 和喀麦隆邮电部共同组织召开了中部非洲国家经济共同体首次关于网络安全和打击网络犯罪的次区域论坛。此外，卢旺达和尼日利亚都表达了希望与 ITU 合作建立非洲地区网络安全中心的意愿。

非洲国家和次区域组织预防和打击网络犯罪的项目还得到美国的资金和技术支持。美国政府对非洲的网络外交（cyber diplomacy）鼓励非洲国家加入《布达佩斯网络犯罪公约》，并且还与非洲国家政府、地方执法机构开展合作，以提高其技术能力。在实践中，美国将非洲国家当作传播互联网自由理念的重要阵地，利用各种信息平台，一方面传递其外交

---

① "ECOWAS ICT Ministers Adopt ECA Developed Legislative Acts on Cyber Crime and Personal Data Protection", October 2008, http://www1. uneca. org/ArticleDetail/tabid/3018/ArticleId/2014/ECOWAS-ICT-ministers-adopt-ECA-developed-legislative-Acts-on-cyber-crime-and-personal-data-protection. aspx.

② IMPACT 成立于 2008 年，同年与 ITU 签署谅解备忘录，双方承诺将就 ITU 网络安全全球日程的实现开展合作。ITU-IMPACT 是应对网络威胁的首个公私合作伙伴关系，它为各国政府、企业、学术界、国际组织、智库等提供了一个政治中立的平台，以提高全球共同体应对网络威胁的能力。

的政策信息，另一方面推广其普世价值。2009 年 6 月，美国时任总统奥巴马（Barack Hussein Obama）在埃及开罗大学发表演讲，指出非洲在民主、法制、宗教自由、妇女权利等方面存在着许多问题，承诺美国会帮助非洲解决这些问题。奥巴马还表示：“美国将会投资互联网在线学习项目，创造一个新的在线网络，以便一个远在堪萨斯州的孩子能和身处开罗的同龄人即时通讯。”美国通过互联网对全球公众特别是青年人不断灌输美国的“民主、人权、法治”等价值理念，努力借助网络扩展其价值观的动机是不言而喻的。① 美国前国务卿希拉里·克林顿（Hillary Clinton）在其任内也积极开展网络外交，大力推动“网络自由”。2010 年 1 月，她在美国新闻博物馆发表演讲，将“自由接入互联网，不受限制地接触各类信息”等概括为“互联网自由”，并将之与美国传统的四大自由概念并列。特朗普（Donald Trump）就任总统后，美国对非洲网络外交的重视程度依然不减。2017 年 6 月，美国与非洲网络发展大国肯尼亚举行了首届网络和数字经济对话，两国官员讨论了在打击网络犯罪和推动网络安全方面的政策协调、信息分享、能力建设和公私合作问题，双方承诺共同建设开放、互通、可靠和安全的网络空间。②

欧盟和欧洲委员会也经常资助非盟以及非洲次区域组织召开有关网络安全和网络犯罪的研讨会，提供技术培训等。欧洲委员会下属的网络犯罪项目办公室（C-PROC）和非盟委员会在 2017 年正式确立合作关系，双方承诺以《布达佩斯网络犯罪公约》和《非盟关于网络安全和个人数据保护的公约》为基础帮助非洲国家强化国内立法。③ 2018 年 4

---

① 赵红凯：“浅析奥巴马政府的‘E 外交’”，《现代国际关系》2010 年第 7 期，第 25 页。

② Us Department of Ftate, "The United States and Kenya Strengthen Partnership on Cyber and Digital Economy Policy", June 27, 2017, https：//www. state. gov/r/pa/prs/ps/2017/06/272284. htm.

③ Council of Europe, "GLACY +：Cyber Security and Cybercrime Policies for African Diplomats", April 11 – 13, 2018, https：//www. coe. int/en/web/cybercrime/ – /glacy-cyber-security-and-cybercrime-policies-for-african-diplomats.

月，双方在埃塞俄比亚联合召开针对非洲外交官的网络安全和网络犯罪政策研讨会，欧盟则通过"欧盟—欧洲委员会关于网络犯罪的全球联合行动＋"项目（Joint EU-CoE Global Action on Cybercrime Extended, GLACY＋）支持这一活动。[①] 该研讨会不仅讨论了非洲大陆在网络安全和网络犯罪领域面临的主要威胁、挑战和机遇，还确定于 2018 年 10 月组织召开首届非洲网络犯罪论坛，以推动各国网络犯罪相关法律的一致化。在次区域组织层面，欧洲委员会和西共体 2017 年 9 月联合召开有关网络犯罪的法律协调会，西共体的 15 个成员国全部出席，会议亦由欧盟和欧洲委员会的 GLACY＋项目提供资金支持。会上，欧洲委员会的《布达佩斯网络犯罪公约》被当作参考资料，对一系列问题（网络犯罪、电子证据的定义、执行立法过程中的实务等）提供指导。其背景是，非洲一直占据欧盟对外关系的重要位置，不仅是欧盟发展援助资金和紧急救援物资的最大受援方，也是欧盟传播民主、人权等价值观的主要对象。欧盟希望通过扶持非盟和非洲的次区域组织，推进非洲的一体化进程，进而复制其模式，传播其价值观和善治理念。此外，作为前宗主国，英国、法国和葡萄牙等与它们在非洲的前殖民地国家结成了各种特殊关系，这些在语言、历史、文化和地域上较为接近的非洲国家会与前宗主国通过对话、协商等方式寻求共同解决国际安全问题。

非洲各国的立法直接或间接地受到域外多边制度安排的影响。比如，西非国家在立法的过程中就将《英联邦关于计算机和计算机犯罪示范法》、欧洲委员会的《布达佩斯网络犯罪公约》和《西非国家经济共

---

① African Union Commission, "African Union Commission and Council of Europe Join Forces on Cybersecurity", April 12, 2018, https：//au. int/en/pressreleases/20180412/african-union-com-mission-and-council-europe-join-forces-cybersecurity.

同体关于打击网络犯罪的指令（2011）》作为指导。① 国外也有学者研究发现，南非的《电子通讯与交易法》的内容十分接近英联邦范例法、南部非洲发展共同体范例法和《布达佩斯网络犯罪公约》，尤其是和《布达佩斯网络犯罪公约》的条款相似度最高。②

非洲次区域组织的倡议和《布达佩斯网络犯罪公约》也存在千丝万缕的联系。有关的研讨会曾经指出，《布达佩斯网络犯罪公约》的精神已经体现在这些倡议中，这增加了非洲国家加入《布达佩斯网络犯罪公约》的可能性，也意味着非洲大陆内部以及非洲和欧洲委员会之间将会有更进一步的合作。③《东南非共同市场网络犯罪示范法（2011）》被认为在国际合作方面的条款很详细，满足了《布达佩斯网络犯罪公约》的所有标准，而且比《布达佩斯网络犯罪公约》更进一步的是，该法还包括了有关消费者保护和服务供应商义务的条款。④

第四节 非盟网络安全治理的特点

综上所述，非盟的网络安全治理具有以下几个特点：

---

① UNODC, "Comprehensive Study on Cybercrime (draft)" February 2013, p. 74, https：// www. unodc. org/documents/organized-crime/UNODC_CCPCJ_EG. 4_2013/CYBERCRIME_STUDY_ 210213. pdf.

② Deutsche Telekom Group Consulting, "Republic of South Africa Review Report：E-commerce, Cybercrime and Cybersecurity-Status, Gaps and the Road Ahead", November 26, 2013, https：//www. sbs. ox. ac. uk/cybersecurity-capacity/content/south-africa-status-gaps-and-road-ahead-cyber.

③ Patrick Mwaita and Maureen Owor, "Workshop Report on Effective Cybercrime Legislation in Eastern Africa", August 22 – 24, 2013, pp. 2 – 3, http：//www. coe. int/t/dghl/cooperation/economiccrime/Source/Cybercrime/Octopus2013/2571_EastAfrica_WS_Report. pdf.

④ ACCP, "Workshop Report on Cybercrime Legislation in West Africa", April 11, 2014, pp. 32, http：//tftcal. unctad. org/pluginfile. php/12929/mod_resource/content/2/Workshop%20Report%20by%20ACCP%20Ghana%2018%20 – %2021%203March%202014. pdf.

第一，从规则治理的角度来说，非盟将网络犯罪和数据隐私保护作为治理重点，以公约为主要形式。受信息通讯技术在非洲普及较晚的影响，非盟直到2008年才开始推出有关网络安全的监管倡议，目前也只有少数非洲国家拥有网络安全方面的法律法规。尽管非盟及其成员国的制度建设起步较晚，进展却异常迅速。2014年推出的《非盟关于网络安全和个人数据保护的公约》涵盖电子交易、个人数据保护和网络犯罪三大议题领域，并且使非洲成为欧洲之外首个通过数据保护公约的地区。该公约移植了西方国家法规制度的很多内容，明显超出了非洲国家现有的技术和执法能力，这也给公约的批准生效和落实执行制造了很多困难。

第二，从关系治理的角度而言，非盟和成员国尚未形成合力，成员国开展网络安全治理的积极性和能力及水平都有待提高。与欧洲相比，非洲的一体化程度要低很多，非盟和成员国的关系也不是十分紧密，非盟难以发挥欧盟那样的统筹、协调作用。体现在网络安全领域，非盟没有成立类似欧洲网络与信息安全局（ENISA）那样专门性的网络安全治理机构，这使得非洲国家以集体行动应对网络威胁的能力面临挑战。而且，很多非洲国家政府开展网络安全治理的积极性不高。非盟的网络安全制度设计领先于其多数成员国，就连非洲第一大经济体——尼日利亚也直到2015年5月才通过专门的网络犯罪法。在全球性的互联网治理论坛上也很少有来自非洲国家的声音。非洲的利益攸关方当前多采取观望态度，背后的原因有很多，除了缺乏足够的网络治理专家、有其他一些更为紧迫的事情需要应对等原因外，还与非洲政府、政客和媒体将全球网络空间治理视为大国间博弈的场域有关，这种观望态度正在严重影响非洲网络安全治理的进度。① 此外，非盟与成员国在网络安全治理中的关系也受到后者资金和技术能力不足的影响。非洲国家打击网络犯罪的机构和人员配置不足，亟需加强能力建设，这给制度安排的落实造成了障碍。组织机构是制度安排的结果，非盟公约对成员国提出了组织机构建设的要求，但这是一个需要时间和经费支持的事情，难以一蹴而就。

第三，非国家行为体以"显性"方式对非盟网络安全治理施加影响。在非盟公约通过之前，公民社会组织等非国家行为体通过网上请愿、与非盟直接对话等方式，施压非盟和所在国政府，迫使非盟推迟了公约的签署时间，并在公约中增加了数据和隐私保护的相关内容。这些公民社会组织多数受到西方国家、互联网公司或公民社会组织的支持，所倡导的也是自由、民主等西方的核心价值观。它们在非盟的话语权和影响力与历史因素有关。冷战结束后，受到西方民主化浪潮的冲击和影响，公民社会组织在非洲社会蓬勃发展，在人道救援、环境保护、人权保护、公共卫生以及妇女儿童权益保护等方面做出了很多贡献，在非盟及其成员国也拥有一定的话语权。

第四，欧美等域外力量以"隐性"方式对非盟网络安全治理施加影响。非盟网络安全治理的制度设计中，无论是在国家层面、次区域组织层面、非盟层面还是非政府组织层面，都有西方发达国家和西方主宰的国际组织的身影，一些制度设计的内容借鉴甚至照搬了西方国家原有的设计。非盟对西方倡导的理念、核心关切、制度几乎全盘接受，可能造成的后果是，非洲大陆在互联网领域被再度"殖民化"，在全球互联网治理问题上没有自主决策权。欧美国家以帮助非洲国家加强能力建设

---

① Ephraim Percy Kenyanito, "Internet Governance: Why Africa Should Take the Lead", March 26, 2014, http://www.circleid.com/posts/20140225_internet_governance_why_africa_should_take_the_lead/.

为借口，"传授"本国经验，借助非洲国家非政府组织的力量推动非洲国家的制度建设。而且，从设计到落实，非洲国家还有很长的路要走，根据西方经验设计的制度是否适合非洲国家的文化和观念，这些还有待于实践的检验。

第六章

结语

　　本书围绕着"地区组织的特征如何影响其开展网络安全治理的路径"这一核心问题展开，目的是揭示作为全球治理重要微观层次的地区组织在网络安全治理中扮演的角色及其如何扮演这种角色。从"治理"的定义可以得知，网络安全治理的主体是多元化的，包括国家、国际组织、私营机构、公民等。本书虽选择从地区组织的视角研究网络安全治理，但有关研究并不拘泥于地区组织本身应对网络安全威胁的策略，还包括地区组织和成员国、私营机构、公民社会组织、域外力量等在网络安全上相互依赖的各行为体间互动的过程。

　　鉴于此，在开展研究的过程中，本书结合了规则治理和关系治理两种分析模式，以制度和规则作为"治理"研究的切入点，以社会规范、文化和共同体意识作为"治理"研究的重要背景，考察地区组织内外行为体围绕网络安全展开互动的过程。在研究方法上，本书在论证过程中主要采用了案例分析和诠释学的方法，选取欧盟、非盟和东盟作为案例分析的对象，对三个地区组织应对网络威胁时的关系治理和规则治理情况进行了分析和阐释，并概括总结出各自在网络安全治理方面的特点。经过比较可以发现，它们在网络安全的规则治理方面有以下特点：

第一，欧盟以"全覆盖、多元化"的方式建立起成熟完善的规则体系。从 1992 年的《信息安全框架决议》开始，欧盟出台了与网络安全相关的多项政策法规，不仅内容上涵盖网络犯罪、网络防御和数据隐私保护等各领域，而且形式也十分多样，包括"条例""指令""决定""决议""政策框架"等。从 20 世纪 90 年代初至今，欧盟在网络安全方面的政策法规至少经历了 2—3 次更新完善，采取了更加严格的监管措施，以适应日益严峻的网络安全形势。虽然与东盟、非盟等其他地区组织相比，欧盟对网络防御（战争）的重视程度最高，但其网络安全政策更注重的仍是民事权利，以网络犯罪和数据隐私保护为重点治理对象。

第二，东盟以"渐进而独立"的方式建立起松散的规则体系。东盟在网络安全方面的规则体系建设起步较晚，且进展较为缓慢。其建构的网络安全最初只涵盖网络犯罪和网络恐怖主义，并且很长一段时间内都只是在跨国犯罪的机制下讨论网络犯罪，没有将其作为单独的议题加以讨论。直到 2016—2018 年，东盟才先后通过《个人数据保护框架》《防范和打击网络犯罪的宣言》和《东盟领导人关于网络安全合作的声明》。在网络安全的规则制定方面，东盟没有盲目随从域外大国，保持了政策的独立性，没有推出网络安全方面的地区性公约，仍采用声明、宣言、行动计划等松散灵活的制度形式。

第三，非盟以"学习型移植"的方式建立起超前的规则体系。在三个地区组织中，非盟在网络安全方面的规则体系建设起步最晚，直到 21 世纪第一个十年临近结束之时才开始提出网络安全方面的监管倡议，但进展很快，2014 年 6 月即通过了《非盟关于网络安全和个人数据保护的公约》，使其成为欧洲之外第一个通过数据保护公约的地区组织。非盟公约"移植"了西方国家法规制度的很多内容，超出了非洲国家现有的执法能力，这给它们批准和执行该公约制造了困难。截至 2018 年 5 月，仅有塞内加尔和毛里求斯两个国家批准了该公约，但该公约必须获得 15 个非盟成员国的批准才能生效，这使其前景充满了变数。

规则是关系治理的结果，地区组织在规则治理方面的不同特点实际上反映了它们在开展网络安全治理时与内外行为体（或利益攸关方）互动关系的非均衡性。各地区组织对网络犯罪的规则治理情况最能体现这种非均衡性。由于网络犯罪已成为全球各个地区面临的最紧迫威胁，地区组织对有关"经济安全"的网络犯罪威胁普遍比较重视，通过了具有不同约束力的法律法规，这些规则内容和约束力的不同在很大程度上取决于地区组织与成员国的关系。比如，作为一个超国家机构，欧盟的政治机制建立在成员国主权有限让渡的基础上，这种与成员国的紧密型关系使得欧盟在网络犯罪的规则治理方面有较强的自主性，通过了很多具有约束力的法律法规，如欧盟 2005 年通过的《关于打击信息系统犯罪的欧盟委员会框架决议》、2013 年的《欧盟打击信息系统犯罪的指令》等。《非盟关于网络安全和个人数据保护的公约》中包含部分有关网络犯罪的内容，与东盟的《防范和打击网络犯罪的宣言》只是泛泛地"鼓励成员国制定应对网络犯罪的国家行动计划"相比，非盟公约非常详细地列出了哪些犯罪行为应被缔约国认定为刑事犯罪行为。这在一定程度上说明，在与成员国的关系方面，非盟更接近欧盟而非东盟，东盟充分尊重成员国的互联网主权，采取最小限度的组织性，故而仍旧偏好非正式的制度安排。

地区组织和成员国的互动关系也会影响其对主权相关议题——网络战争的关注程度。相比网络犯罪和数据隐私保护，地区组织对网络战争威胁的安全化程度最弱，有关的制度安排也最少。这一方面是因为网络战争尚未成为迫切威胁，地区组织在此方面开展规则治理的现实需求并不强烈；另一方面也和该议题涉及国家主权，地区组织（尤其是东盟和非盟）不愿违背"尊重成员国主权"原则有关。与东盟和非盟不同，欧盟由于和成员国互动关系较为紧密，尚且拥有网络战争（防御）方面的制度安排，但北约的存在又使得欧盟的相关制度安排并不完备。欧盟有 22 个成员国同时也是北约的成员国，它们更倾向于在北约内开展合作，欧盟和北约已经就共同感兴趣的问题开展合作。欧盟网络安全战略中也涉及网络防御问题，界定了四个主要工作方向：与成员国一起建立网络防御能力、建立欧盟网络防御政策框架、推动军民对话、与北约和其他主要利益攸关方等开展对话。

数据隐私保护方面的规则治理情况最能反映地区组织与非国家行为体的关系。欧盟拥有较为完善的沟通机制，听取并吸纳私营机构和公民社会的建议，同时接受其监督。受此影响，欧盟在数据和隐私保护方面一直走在国际前列，其 1995 年通过的《欧盟数据保护指令》被誉为数据和隐私保护方面的标杆。1992—2013 年，欧盟共通过 6 项与数据和隐私保护相关的法律法规。2016 年 4 月，欧洲议会又投票通过了旨在统一成员国间有关数据保护的不同规定和消除执法分歧的《数据保护通用条例》。非国家行为体对东盟决策的影响力有限，这使得东盟 2016 年通过的《个人数据保护框架》仍旧将成员国利益而非公民的权利作为重点，指出该框架的目标是"推动数字经济中东盟成员国国内和相互之间贸易的增长和信息的流动"。非盟公约在数据和隐私保护方面具有超前性，这并不是因为非盟人权观念超前，而是同非政府组织的积极倡导和西方发达国家的"传授"有关，反映出自主性较弱的地区组织的网络安全制度安排往往脱离其现实能力水平。受历史因素的影响，西方殖民宗主国的殖民遗产一直是非洲各国无法割舍的纽带，由大量脆弱国家组成的非盟及其前身非洲统一组织的自主性因此在很大程度上遭到削弱，外部行为体很容易对当地的安全关系产生重大影响。在网络安全治理方面，上述特点也得到充分体现，欧美国家和国际组织通过资金、技术援助等方式对非盟施加影响。而且，获得西方国家支持的公民社会组织也积极发声，通过网上请愿、与政府间国际组织开展直接对话等方式，迫使非盟推迟了网络安全公约草案的签署时间，并且在公约草案中增加了有关个人数据保护、隐私保护的内容。

由以上分析可以看出，地区组织关系治理的差异通过影响地区组织规则治理的自主性，塑造或者决定了其规则治理的不同特点。基于对地区组织网络安全治理情况的比较和分析，本书得出一些基本判断，如下：

首先，网络安全虽然呈现主权难以界定、身份难以限定、应对难以依靠单一主体等非常规特征，但各地区组织目前基本上仍采取常规方式开展治理，各地区组织开展网络安全治理方式的差异实际上反映的是它们组织特征的差异。对于上述论断的解释是：地区组织将网络安全更多地视为传统安全问题在网络空间的映射或延续，并没有将其作为"存在性威胁"加以提出，因而也没有采取非常规的治理手段。同时需要补充的是，治理是一种动态的发展过程，地区组织当前的网络安全治理路径并非常态化，而且随着国际形势和网络威胁的变化，地区组织的治理路径有可能会有所调整；各个地区组织在网络安全的制度设计方面表现出的差异，实际上是本地区社会规范、文化和共同体意识的反映，并没有高低立下、合理或不合理之说。

其次，地区组织网络安全治理的特点和路径会受到该地区固有的社会规范（norms）、文化（culture）、认同（identity）等因素的影响。欧盟有关数据隐私保护的制度安排在全球一直发挥着"风向标"的作用，这与欧洲一贯倡导的基于个人权利基础上的自由、民主、人权等价值观的社会文化有关。东盟奉行的人权观念偏重集体而非个人权利，对隐私保护的观念较为淡漠，而且东盟成员国间在数据隐私保护问题上存在较大分歧，故而东盟直到 2016 年才推出个人数据保护框架，其不仅以推动成员国间的贸易增长和信息流动为目标，而且不具有法律约束力。在治理路径方面，欧盟网络安全治理以官方层面正式的制度安排为主体，拥有非常成熟的网络安全政策法规体系，这与欧盟以制度建设见长的特征相吻合；东盟网络安全治理以官方层面的非正式制度安排为主体，主要采用声明、宣言、总体规划、行动计划等较为松散灵活的制度形式，这也符合东盟方式的一贯特点。此外，认同也对地区组织的网络安全治理方式有很大影响。比如，欧盟积极开展网络外交，通过资金和技术援助等方式，向部分非洲和亚洲国家传播其价值观和规范，以达到确保自身网络安全的目的，这是建立在欧盟对其身份的独特理解之上的——要向国际舞台展示一个聪明、可持续、包容和强有力的欧洲。

再次，在地区组织开展网络安全治理的互动方中，成员国仍是最重要的行为体。从理论上而言，网络安全具有明显的公共产品的特点，这意味着如果一国政府不采取激励或处罚手段，私营部门就不会自愿地提供安全的网络空间环境，网络安全的供给将得不到充分保障。而且，网络安全威胁往往具有跨国界的属性，这就更需要国家承担起在地区或全球层面协调政策、开展合作的责任。从实证的角度来看，欧盟、非盟和东盟推出的网络安全制度规范均将成员国作为参与治理的主力。以最重视网络安全治理主体多元化的地区组织——欧盟为例，其在2013年通过的《欧盟网络安全战略》中重申各利益攸关方在互联网治理模式中的重要性，并且有很多内容专门针对私营部门和公民社会，但该战略同时也指出，应对网络空间的安全挑战主要是成员国的任务。非盟2014年通过的《非盟关于网络安全和个人数据保护的公约》直接以成员国为指涉对象，东盟亦秉承其政府间协商的一贯特点，所达成的宣言、声明等基本上只针对成员国。

最后，地区组织网络安全治理的路径存在某些共通之处，这将为全球网络安全规范（特别是全球网络犯罪规范）的达成扫除障碍。当下，网络安全治理亟需加强规制建设，以扭转政出多门、各行其是的困境乱局。世界各国都已经认识到网络犯罪的威胁性，并通过国内立法加以应对。为了解决各国法律无法协调一致的问题，地区组织已开始在地区层面开展法律协调工作，欧盟、非盟和东盟均已通过与网络犯罪有关的规范。将这些地区性规范一致化，要比将世界各国一个个联合起来更容易。而且，这些地区组织推出的网络犯罪规范也有逐渐趋同的表现，它们都部分借鉴了欧洲委员会 2001 年通过的《布达佩斯网络犯罪公约》的内容，以该公约为基础建立的打击网络犯罪的地区性合作框架正在向全球治理机制发展。与此同时，也必须认识到，尽管联合国在提供全球安全公共产品方面存在不足，但不可否认的是，联合国在支持地区组织提供安全公共产品并认可其合法性方面的作用是不可低估的。如果能在联合国的框架下尝试推动各地区网络犯罪规范的协调一致，制定新的国际性公约，则不仅可以解决地区性规范代表性不足的问题，也可以实现各地区组织制度和理念的融会贯通。

本书认为，关于地区组织的网络安全治理，在以下两个方面还存在进一步研究的空间。第一，地区主义与网络安全全球治理的关系。本书着力研究的是地区组织内部网络安全治理的路径，对于地区组织作为一个整体参与网络安全全球治理的情况没有展开系统的研究。这主要是因为当前的网络安全全球治理呈现碎片化的状态，地区组织（尤其是非盟、东盟）在其中发挥的作用尚不明显。未来，随着网络安全全球治理机制的日益成熟，地区主义与网络安全全球治理的关系仍有较大的研究空间，或可作为下一步的研究重点。第二，地区组织网络安全治理的"应然"状态。本书研究的是地区组织开展网络安全治理的"实然"而非"应然"状态，研究的重点是拥有不同社会规范、文化和共同体意识的地区组织开展网络安全治理路径的异同。对于地区组织应该在网络安全全球治理中发挥何种作用或者如何发挥更大的作用等问题，值得进一步探究。

附录_____

附录一　欧洲议会、欧盟理事会、欧洲经济与社会委员会及地区委员会联合通讯

——欧盟网络安全战略：
一个开放、安全、可靠的网络空间①

1. 介绍

1.1. 背景

在过去的二十年里，互联网和更广义上的网络空间对社会的各个方面产生了巨大影响。我们的日常生活、基本权利、社会交际和经济运行均依赖于信息和通信技术的无缝运作。开放和自由的网络空间促进了全

---

① European Commission, "Cybersecurity Strategy of the European Union: An Open, Safe and Secure Cyberspace", February 7, 2013, https://eeas.europa.eu/archives/docs/policies/eu-cyber-security/cybsec_comm_en.pdf.

球的政治和社会包容；它打破了国家、社群和公民之间的壁垒，使社会交往和信息思想得以在全球范围内分享互动；它提供了一个享有言论自由和行使基本权利的论坛，并赋予人民追求民主和更公平社会的权利——特别是在"阿拉伯之春"期间。

为了保持开放和自由的网络空间，欧盟在线下坚持的规范、原则和价值观，同样应该适用于线上。基本的权利、民主和法治需要在网络空间内获得保护。我们的自由和繁荣越来越依赖于强大和富有创新性的互联网，后者的持续蓬勃发展离不开私营部门的创新和公民社会的推动。然而，线上自由同样需要安全和保障，网络空间应该受到保护，以远离事故、恶意活动和滥用；而且政府需要发挥重要作用，以确保自由安全的网络空间。政府承担的任务包括：保障准入和开放性，尊重和保护线上的基本权利，维护互联网的可靠性和可互操作性。然而，私营部门拥有并负责运作网络空间的重要部分，因而任何旨在该领域获得成功的倡议都应认可私营部门的主导作用。

信息和通信技术已经成为我们经济增长的支柱，是所有经济部门都必须依赖的重要资源。如今，金融、卫生、能源和交通运输等关键领域的经济运行已离不开信息通信技术的支持，并且许多商业模式也是建立在不间断的互联网和顺利运作的信息系统之上的。

通过建成单一数字市场，欧洲每年可以推动国内生产总值（GDP）增长近乎5000亿欧元，人均1000欧元。随着电子支付、云计算或M2M通信（machine-to-machine communication）等新技术的出现，公民需要的是信任和信心。不幸的是，2012年的"欧洲晴雨表"调查显示，有近1/3的欧洲人不相信他们能够使用互联网开展银行业务或购物。绝大多数人还表示，出于对安全的担忧，他们会避免泄露个人信息。在整个欧盟，超过1/10的互联网用户已经成为网上诈骗的受害者。

最近几年已经看到，数字世界带来了巨大的收益，但同时它也是脆弱的。不管是蓄意策划的还是偶发的网络安全事件，都在以惊人的速度增加，并可能中断那些我们认为理所当然的基本服务（例如水、医疗、电力或移动服务等）的供应。这些威胁可以有不同的起因——包括犯罪动机、政治动机、恐怖主义或国家资助的攻击，以及自然灾害和无意的过失。

欧盟经济已经受到针对私营部门和个人的网络犯罪活动的影响。网络犯罪分子正在采用更加复杂的方法侵入信息系统，窃取关键数据或操控公司以勒索赎金。网络空间内经济间谍行为和国家支持活动的增加，给欧盟各国政府和公司带来了新的威胁。

在欧盟以外的国家，政府也可能滥用网络空间以监视和控制本国公民。欧盟可以通过推进线上自由并确保对线上基本权利的尊重来应对这一情况。

所有这些因素解释了世界各国政府已开始制定网络安全战略并把网络空间作为日益重要的国际问题来思考的原因。欧盟在该领域加快行动的时机已经到来。这个欧盟网络安全战略的提案由欧盟委员会及欧盟外交和安全事务高级代表（下称"高级代表"）提出，它概述了欧盟在该领域的设想，明确了角色和责任，阐明了在有力、有效保护与推进公民权利的基础上需要采取的行动，以使欧盟拥有世界上最安全的线上环境。

1.2. 网络安全的原则

无边界、多层次的互联网已经成为在没有政府监督或监管下，推动全球发展最强有力的工具之一。虽然私营部门应继续在互联网建设和日常管理中发挥主导作用，但对透明度、问责性和安全性的要求正变得越来越突出。本战略明确指出了应当指导欧盟和国际网络安全政策的原则。

欧盟的核心价值，既适用于现实世界，也适用于数字世界

适用于我们日常生活其他领域的法律和规范也同样适用于网络领域。

保护基本权利、言论自由、个人数据和隐私

建立在欧盟基本权利宪章和欧盟核心价值观阐释的基本权利和自由基础上的网络安全才可能是合理的和有效的。相应地，没有安全的网络和系统，个人权利就不可能得到保障。如果牵涉到个人数据，任何以网络安全为目的开展的信息共享都应该符合欧盟数据保护法，并充分考虑在该领域的个人权利。

完全开放

鉴于数字世界已经渗透于社会的方方面面，互联网准入受限、无法接入互联网和数字文盲必然给公民带来不便，因此每个人都应该能够访问互联网并畅通无阻地获取信息流。互联网的完整性和安全性必须有所保障，从而为所有人提供安全的访问渠道。

民主、高效的多利益攸关方治理

数字世界并非由单一实体控制。在现有的利益攸关方中，许多是商业和非政府实体，它们不仅参与了互联网资源、协议和标准的日常管理，也将参与互联网的未来发展。欧盟重申在当前的互联网治理模式下所有利益攸关方的重要性，并对这种多利益攸关方治理方法予以支持。

共担责任以确保安全

人类生活各领域对信息通信技术依赖性的日益增长已经导致一些需要恰当定义、彻底分析、纠正或减少的脆弱性。为强化网络安全，所有相关行为体，不论是公共部门、私营机构抑或公民个人，都需要认可这种共同责任，采取行动保护自己，并在必要时确保采取协调应对措施。

2. 战略优先和行动

欧盟应当保护网络环境，为每位公民提供最大限度的自由和安全。在承认应对网络空间安全挑战主要是成员国职责的同时，本战略提出能够改善欧盟整体表现的具体行动。这些行动既有短期的，也有长期的，包括各种政策工具，并涉及不同类型的行为体——欧盟机构、成员国或行业。

本战略中展示的欧盟愿景阐述了五项战略优先，应对上文所强调的挑战：

* 实现网络弹性
* 实质性减少网络犯罪
* 发展与共同安全与防务政策（CSDP）相关的网络防御政策和能力
* 发展网络安全工业和技术资源
* 建立协调一致的欧盟国际网络空间政策，并推广欧盟核心价值观

2.1. 实现网络弹性

为促进欧盟的网络弹性，公共和私营部门都必须提高能力并开展有效合作。在迄今已经取得的积极成果的基础上，欧盟的进一步行动特别能帮助应对具有跨境属性的网络风险和威胁，并且有助于在紧急情况下作出协调一致的反应。这将有力地支持内部市场的正常运作，并改善欧盟的内部安全。

如果不作出实质性努力在阻止、发现和应对网络安全事件方面增进公共和私人能力、资源和进程，欧洲将依然脆弱，这就是欧盟委员会制定网络与信息安全政策（NIS）的原因。欧洲网络与信息安全局（ENISA）成立于2004年，欧盟理事会与欧洲议会正在就一项旨在巩固ENISA地位并使其授权适应现代需要的新法规开展磋商。此外，电子通信框架指令要求电子通信提供者妥善管控其网络风险，并报告重大安全漏洞。而且，欧盟的数据保护立法要求数据控制者落实数据保护要求和保障措施，包括与安全相关的措施。在可公开获取电子通信服务的领域，数据控制者必须向国家主管部门通报涉及个人数据泄露的事件。

尽管在自愿承诺的基础上取得了一定进展，欧盟内部依然存在很大差距，特别是在各国应对跨境事故的能力和协调、私营部门参与准备等

方面。本战略附有立法提案，目的在于：

* 在国家层面建立 NIS 的最低限度要求，责成成员国：为 NIS 指定国家级主管部门；建立一个运作良好的计算机安全应急响应小组（CERT）；批准国家 NIS 战略和国家 NIS 合作计划。能力建设和协调也涉及欧盟机构：负责欧盟机构、部门和实体的 IT 系统安全性的计算机安全应急响应小组（CERT-EU）在 2012 年被设立成为永久机构。

* 成立负责协调预防、侦查、缓解和应对网络事件的机制，在各国 NIS 主管部门间实现信息共享和互助。各国 NIS 主管部门将被要求在欧盟 NIS 合作计划的基础上开展适当合作，旨在应对跨境网络事件。这一合作也将建立在"欧洲成员国论坛（EFMS）"已经取得的进展之上，该论坛就 NIS 公共政策已经开展富有成效的讨论和交流，可以融入未来建立的合作机制。

* 提高私营部门的准备和参与程度。由于大部分网络和信息系统均由私人拥有和运营，提高私营部门的参与对推进网络安全至关重要。私营部门应该在技术层面提高自身的网络弹性能力，并在各个领域分享其最佳实践。私营部门用于应对网络事件、查明原因并开展法律调查的工具，也应使公共部门获益。

然而，私营部门仍然缺乏有效的激励机制，来提供有关 NIS 事件或其影响的可靠数据、接纳风险管理文化或为安全解决方案进行投资。因此，立法提案的目标是确保一些关键领域的参与者（即能源、交通、银行、证券交易所，主要的互联网服务商和公共管理部门）评估其面对的网络安全风险，保证网络和信息系统在适当的风险管理下是可靠和有弹性的，并与国家 NIS 主管部门分享信息。接纳网络安全文化、让网络安全成为一个卖点可以为私营部门增加商机并提高其竞争力。

这些实体必须向国家 NIS 主管部门报告那些对依赖网络和信息系统

的核心服务和商品供给的连续性产生重大影响的网络事件。

国家 NIS 主管部门应与其他监管机构（尤其是个人数据保护机构）开展合作并交换信息，应向执法机关报告涉嫌严重犯罪的网络事件。对网络事件、风险的早期预警和协调应对，国家 NIS 主管部门也应定期在一个专门的网站公布相关的非保密信息。法律义务既不应替代、也不能阻止公共部门和私营部门之间开展非正式和自愿的合作，来提升安全水平、交换信息及最佳实践。特别要注意的是，欧洲网络弹性公私伙伴关系（EP3R）是欧盟层面上一个健全和有效的平台，它理应得到进一步的发展。

"连接欧洲设施"（CEF）项目为关键基础设施提供财政支持，并将成员国的 NIS 能力连结起来，从而使欧盟内的合作更加便利。

最后，欧盟层面上的网络事件演习对模拟成员国和私营部门之间的合作来说必不可少。第一次在各成员国间开展的演习发生在 2010 年（"网络欧洲 2010"）。第二次演习还包括了私营部门，开展于 2012 年 10 月（"网络欧洲 2012"）。欧盟—美国的桌面演习开展于 2011 年 11 月（"网络大西洋 2011"）。包括与国际合作伙伴一起开展的、更进一步的演习项目已经在策划中。

委员会将：

* 由联合研究中心与成员国主管部门、关键基础设施所有者及运营商密切合作，在识别欧洲关键基础设施的 NIS 漏洞和鼓励弹性系统发展方面继续开展活动。

* 在 2013 年初启动一个欧盟资助的试点项目，打击僵尸网络和恶意软件，为欧盟成员国、私营部门组织（如互联网服务供应商）和国际合作伙伴之间的协调合作提供框架。

委员会要求 ENISA：

* 协助成员国发展国家网络弹性能力，特别是在工业控制系统、运输

和能源基础设施方面强化安全和弹性方面的专业技能。

* 2013 年，为欧盟检验工业控制系统计算机安全事件响应小组（ICS-CSIRTs）的可行性。

* 继续支持各成员国和欧盟机构开展定期的泛欧网络事件演习，这也将构成欧盟参与国际网络事件演习的实战基础。

委员会邀请欧洲议会和欧盟理事会：

* 在欧盟迅速通过一项有关高水平网络与信息安全（NIS）的指令草案，以便应对国家能力和防备问题、欧盟层面的合作、采取风险管理措施和 NIS 信息共享。

委员会要求行业：

* 带头投资高水平网络安全，与公共部门一起（特别是通过 EP3R 和"信任数字生活"TDL 等公私部门伙伴关系）在行业层面发展最佳实践和信息分享，以确保资产和个人获得有力和有效保护。

提高公众意识

确保网络安全是一项共同责任。终端用户在确保网络和信息系统安全方面发挥着至关重要的作用：他们需要意识到自己面临的线上风险，并有权采取简单步骤来预防这些风险。

一些倡议已经在最近几年开展，并应该继续保持下去。特别是 ENISA 通过发布报告、举办专家研讨会和发展公私部门伙伴关系来提高公众意识。欧洲刑警组织、欧洲司法组织和各国数据保护当局也在积极努力。2012 年 10 月，ENISA 和一些成员国牵头组织了"欧洲网络安全月"。提高公众意识也是欧盟—美国网络安全和网络犯罪工作组努力推进的领域之一，它也是"更安全的互联网安全计划"（着重于儿童网上安全）中的重要部分。

委员会要求 ENISA:

*在 2013 年提出"网络与信息安全驾驶执照"的路线图，以之作为自愿性认证计划，推动 IT 专业人士（例如网站管理员）技术和能力的提高。

委员会将:

*在 ENISA 的支持下，于 2014 年组织网络安全锦标赛，参赛大学生将在提出 NIS 解决方案领域开展竞赛。

委员会邀请成员国:

*在 ENISA 的支持和私营部门的参与下，从 2013 年起组织一年一度的网络安全月，来提高终端用户的意识。同步举办的欧盟—美国网络安全月将从 2014 年开始。

*加快国家在 NIS 教育和培训上的投入：到 2014 年在学校开展 NIS 培训；为计算机科学专业的学生进行 NIS、安全软件开发和个人数据保护方面的培训；为公共管理部门的工作人员进行 NIS 基本培训。

委员会邀请行业:

*在业务实践和客户界面等各层级提高公众的网络安全意识。特别是行业应该反思，如何使首席执行官和董事会在确保网络安全上承担更多责任。

2.2. 大大降低网络犯罪

我们越多地生活在数字世界中，网络犯罪分子就有越多的可乘之机。网络犯罪是增长最快的犯罪形式之一，世界各地每天都有超过一百万的人成为受害者。网络犯罪分子和网络犯罪网络变得越来越复杂，我们需要拥有恰当的操作工具和能力来解决这些问题。网络犯罪高利润、低风险，犯罪分子往往利用匿名的网站域名作案。网络犯罪是没有国界的——互联网在全球的影响力意味着在执法上必须采取跨境协调与协作的方法来应对这一日益严重的威胁。

有力和有效的立法

欧盟和各成员国需要有力和有效的立法来应对网络犯罪。"欧盟理事会网络犯罪公约"也被称为"布达佩斯公约",是具有约束力的国际条约,它为国家立法提供了一个有效的框架。

欧盟已经通过了网络犯罪立法,包括打击线上性剥削儿童和儿童色情的指令。欧盟也即将批准一项关于打击信息系统犯罪(特别是使用僵尸网络进行攻击)的指令。

委员会将:

* 确保网络犯罪相关指令的迅速到位和实施。
* 敦促尚未批准"欧盟理事会布达佩斯网络犯罪公约"的成员国尽早批准和实施其条文。

提高打击网络犯罪的操作能力

网络犯罪技术已经突飞猛进,执法机构不能使用过时的操作工具打击网络犯罪。目前,并非所有的欧盟成员国都具备有效应对网络犯罪所需的操作能力。因此,所有成员国都需要有效打击网络犯罪的国家部门。

委员会将:

* 通过资助方案,支持成员国找出差距,并加强调查和打击网络犯罪的能力。此外,委员会将进一步支持那些负责联络研究/学术界、执法人员和私营部门的实体,类似于已经在一些成员国成立的、委员会提供资助的打击网络犯罪卓越中心。
* 与成员国一道协调努力,以确定最佳实践和最佳可行技术,包括在联合研究中心的支持下打击网络犯罪(例如,开发和运用取证工具或威胁分析)。
* 与最近启动的欧洲网络犯罪中心(EC3,辖属欧洲刑警组织)和欧洲司法组织紧密合作,将政策路径和操作方面的最佳实践结合起来。

提高欧盟层面的协作能力

通过采取协调与协作的方式，让来自欧盟内外的执法和司法机构、公共和私人利益攸关方联合起来，欧盟可以对成员国的工作进行补充。

委员会将：

* 支持新近启动的欧洲网络犯罪中心作为欧洲打击网络犯罪的中心。该中心将提供分析和情报，支持调查，提供高水平的取证技术，为合作提供便利，为成员国主管部门、私营机构以及其他利益攸关方之间的信息分享提供途径，并逐渐成为执法社群的喉舌。

* 在 ICANN 执法建议的基础上，按照欧盟法律（包括数据保护规则），提高域名注册机构的责任感，确保网站所有权信息正确无误。

* 在最新立法的基础上继续推动欧盟应对线上儿童性虐待。委员会已经通过了为儿童建设更好互联网的欧洲战略，并与成员国和非欧盟国家共同启动了"反对线上儿童性虐待的全球联盟"。在委员会和欧洲网络犯罪中心的支持下，该联盟可推动成员国采取进一步行动。

委员会要求欧洲刑警组织（欧洲网络犯罪中心)：

* 最初主要为成员国的网络犯罪调查提供分析和操作方面的支持，帮助在线上儿童性虐待、支付欺诈、僵尸网络和网络入侵等领域瓦解犯罪网络。

* 定期推出有关网络犯罪趋势和新兴威胁的战略和操作报告，为成员国网络犯罪小组指明优先事项、确定调查行动的目标。

委员会要求欧洲警察学院（CEPOL）与欧洲刑警组织合作：

* 设计和筹划培训课程，使执法人员具备有效应对网络犯罪的知识和技能。

委员会要求欧洲司法组织：

* 明确就网络犯罪调查开展司法合作、成员国之间及其与第三方开展协作所面临的主要障碍，在操作和战略层面以及该领域的培训活动中支持对网络犯罪的调查和诉讼。

委员会要求欧洲司法组织和欧洲刑警组织（欧洲网络犯罪中心）：

* 通过信息交换等开展密切合作，目的是根据它们各自的授权和能力提高打击网络犯罪的有效性。

2.3. 形成与共同安全和防务政策（CSDP）框架相关的网络防御政策和能力

欧盟在网络安全方面的努力也包括网络防御这部分。为提高给成员国防御和国家安全利益提供支持的通信与信息系统的弹性，网络防御能力建设应集中于发现、应对以及从复杂的网络威胁中恢复的能力。

鉴于威胁来自方方面面，在保护关键网络资产上应加强军民的共同作用。这些努力应该获得研发支持，欧盟各国政府、私营部门和学术界之间也应该有更紧密的合作。为了避免重复，欧盟将探讨它和北约如何能相辅相成地提高这两个组织的成员所依赖的政府、国防和其他信息基础设施的弹性。

欧盟高级代表将关注下列重要活动，并邀请成员国和欧洲防务局（EDA）开展合作：

* 评估欧盟网络防御的操作要求，促进欧盟网络防御能力和技术水平的提高，以应对能力发展的各个方面——包括政策声明、领导力、组织、人员、培训、技术、基础设施、物流和互操作性；

* 制定欧盟网络防御政策框架，以保护与共同安全和防务政策的任务和行动有关的网络，包括动态风险管理、威胁分析和信息共享。在欧洲和跨国背景下，为军方增加网络防御培训和演习机会，包括在现有演习目录中融入网络防御的元素；

* 促进欧盟军民行为体之间的对话与协调，特别强调最佳实践交流、信息交流和早期预警、事件响应、风险评估、认识提高和将网络安全作为优先事项；

> *确保与北约、其他国际组织和跨国卓越中心等国际合作伙伴开展对话，以保障有效的防御能力、明确合作领域和避免重复工作。

2.4. 为网络安全开发工业和技术资源

欧洲拥有优秀的研发能力，但许多提供创新性 ICT 产品和服务的全球领导者都不在欧盟。欧洲面临的风险是不仅过度依赖于其他地区的信息通信技术，还包括境外开发的安全解决方案。关键要确保欧盟和第三国生产的、用于关键服务和基础设施以及越来越多应用在移动设备中的硬件和软件成分是可信赖和安全的，并且可以保护个人数据安全。

促进网络安全产品的单一市场

只有价值链上的各方（例如设备制造商、软件开发商、信息社会服务供应商）都将安全作为优先事项，高水平的安全性才能得以保证。但似乎仍然有很多参与者将安全性看作是额外负担，对安全解决方案的需求也是有限的。在欧洲使用的 ICT 产品的整个价值链都需要有合适的网络安全性能要求。私营部门需要采取激励措施来确保高水平的网络安全，例如，显示网络安全性能的标签能够使拥有良好网络安全性和跟踪记录的公司以之作为自己的卖点，来获得竞争优势。此外，在提议的 NIS 指令中规定的义务将大大有助于加强企业在相关行业的竞争力。

还应当激发欧洲市场对高安全性能产品的需求。首先，本战略的目的是推动各方就 ICT 产品安全展开合作和提高透明度，这就需要建立一个平台，汇集欧洲相关的公共和私人利益攸关方，在整个价值链内确定网络安全最佳实践，为开发和采用安全的 ICT 解决方案创造有利的市场条件。一个要点就是建立开展适当风险管理的激励机制，采用安全标准和解决方案，并在欧盟和国际现有计划的基础上建立欧盟范围内的自愿认证计划。欧盟委员会将推动成员国采取一致的方法，以避免在企业之间造成区位劣势的差异。

第二，委员会将支持安全标准的制定，并协助云计算领域的欧盟自愿认证计划，同时考虑开展数据保护的必要性。工作应聚焦供应链的安全性，特别是在关键经济部门（工业控制系统、能源和交通基础设施）。此类工作应建立在欧洲标准化组织（CEN，CENELEC 和 ETSI）和网络安全协调小组（CSCG）的现有标准化工作之上，同时听取 ENISA、欧盟委员会和其他相关参与者的专业意见。

委员会将：

* 在 2013 年启动公私合作的 NIS 解决方案平台，为在欧洲采用安全的 ICT 解决方案和提高 ICT 产品的网络安全性能提供激励。

* 在 2014 年提出建议，在上述平台工作的基础上，确保整个 ICT 价值链的网络安全。

* 对 ICT 硬件和软件的主要供应商进行考察，研究它们如何能向国家主管部门报告检测到的且可能造成重要安全影响的漏洞。

委员会要求 ENISA：

* 与相关的国家主管部门、利益攸关方、国际和欧洲标准化组织、欧盟委员会联合研究中心进行合作，为在公私部门采用 NIS 标准和最佳实践制定技术准则和建议。

委员会邀请公共和私人利益攸关方：

* 激励开发和采用行业主导的安全标准、技术规范以及 ICT 产品制造商和服务提供商（包括云服务供应商）的"从设计着手保护安全"（security-by-design）和"从设计着手保护隐私"（privacy-by-design）原则；新一代软件和硬件应具备更强的、嵌入式、用户友好型的安全功能。

* 为企业的网络安全性能制定产业主导的标准，通过安全标签或风筝标志增加公众的可获取信息，帮助消费者在市场获取更多主动权。

促进研发投资和创新

研发（R&D）可以支持强有力的产业政策，促进值得信赖的欧洲ICT产业发展，推动内部市场的发展并减少欧洲对外国技术的依赖。研发应当填补ICT安全性方面的技术空白，为下一代的安全挑战做好准备，充分考虑不断发展的用户需求，获取军民两用技术带来的好处。它还应当继续支持加密技术的发展。作为补充，还需要提供必要的奖励措施和设置适当的政策条件将研发成果转化为商业解决方案。

欧盟应当充分利用即将在2014年启动的"地平线2020研究和创新框架计划"。与本战略保持一致，欧盟委员会的提案包含了发展值得信赖的ICT和打击网络犯罪方面的具体目标。"地平线2020研究和创新框架计划"将支持与新兴ICT技术相关的安全研究；为终端到终端的ICT安全系统、服务和应用提供解决方案；为落实和采用现有的解决方案提供激励措施；应对网络和信息系统的互操作性问题。在欧盟层面特别关注优化和协调各种融资方案（"地平线2020研究和创新框架计划"、"内部安全基金"、包括"欧洲框架合作"在内的欧洲防务局研究项目）。

委员会将：

* 通过"地平线2020研究和创新框架计划"应对ICT隐私和安全领域、从研发到创新和部署的一系列问题。"地平线2020研究和创新框架计划"还将开发用于打击网络犯罪和恐怖活动的工具和手段。

* 建立机制，更好地协调欧盟机构和各成员国的研究议程，并激励成员国更多地投资于研发。

委员会邀请成员国：

* 在2013年底前，运用公共管理部门的购买力（如通过公共采购）刺激开发和部署ICT产品和服务的安全功能。

*推动工业部门和学术界尽早参与到解决方案的开发和协调中。这应
  该通过充分利用欧洲的工业基地和相关研发技术创新来实现，并应
  协调军民机构的研究日程。

委员会要求欧洲刑警组织和 ENISA：

*明确在不断发展的网络犯罪和网络安全模式中新出现的趋势和需求，
  以开发适当的数字取证工具和技术。

委员会邀请公共和私人利益攸关方：

*与保险业合作制定统一的风险溢价计算指标，这将有助于进行安全
  投资的公司从较低的风险溢价中获益。

2.5. 为欧盟建立协调一致的国际网络空间政策，推广欧盟核心价值观

保持开放、自由和安全的网络空间是一个全球性挑战，欧盟应该
与相关的国际合作伙伴和组织、私营部门和公民社会共同应对这个
问题。

在国际网络空间政策中，欧盟将寻求促进互联网的开放和自由，鼓
励行为规范的发展，在网络空间中运用现有的国际法。欧盟还将努力缩
小数字鸿沟，积极参与建设网络安全能力的国际合作。欧盟对网络事务
国际合作的参与过程将受其核心价值观的引导，包括人的尊严、自由、
民主、平等、法治和对基本人权的尊重，等等。

将网络空间问题纳入欧盟对外关系和共同外交与安全政策中

欧盟委员会、欧盟外交与安全政策高级代表和各成员国应阐明欧盟
国际网络空间政策，并使其着眼于与主要的国际合作伙伴和组织、公民
社会和私营部门开展更深入的交往和建立更牢固的关系。应当设计、协
调和落实欧盟与国际合作伙伴在网络事宜上的磋商，进而为欧盟成员国
与第三方之间现有的双边对话增值。欧盟将重申其与第三方的对话，并
特别关注那些共享欧盟价值观的志同道合的伙伴。这将推动实现高级别

的数据保护，包括将个人数据传输到第三国。为了应对网络空间领域的全球性挑战，欧盟将与该领域表现活跃的国际组织——欧洲委员会、经济合作与发展组织、联合国、欧洲安全与合作组织、北约、非盟、东盟和美洲国家组织等寻求更密切的合作。在双边层面上，与美国的合作尤为重要并将获得进一步发展，特别是在已经组建"欧盟—美国网络安全和网络犯罪工作组"的背景下。

欧盟国际网络政策的主要内容之一是推动网络空间成为自由和基本人权的一个领域。扩大互联网准入应当促进民主改革在全世界范围内的推广。全球互联互通水平的提升不应与审查制度或大规模监视相伴随。欧盟应推动落实企业社会责任，并启动提升该领域全球协作的国际倡议。

更安全网络空间的责任应该由从公民到政府的全球信息社会参与者共同承担。欧盟全力支持界定网络空间中所有利益攸关方都应坚持的行为规范。正如欧盟期待公民在线上尊重公民义务、社会责任和法律那样，国家也应遵守规范和现行法律。在国际安全问题上，欧盟鼓励出台网络安全信任建立措施，增加透明度并减少对国家行为误判的风险。

欧盟并没有呼吁为网络问题创建新的国际法律。

"公民权利和政治权利国际公约""欧洲人权公约"和"欧盟基本权利宪章"所规定的法律义务在线上也应该受到尊重。欧盟将重点研究如何确保这些措施在网络空间得以实施。

为了应对网络犯罪问题，"布达佩斯公约"是对第三国开放加入的文件。它为起草国家网络犯罪立法提供了一个模型，是这一领域内国际合作的基础。

如果武装冲突扩展到网络空间，国际人道主义法和相应的人权法也将适用。

提供通信服务和为之提供便利的基础设施的顺利运作，将受益于国际合作的加强，这包括最佳实践的交流、信息共享、网络事件早期预警联合演习等。欧盟将致力于实现这一目标，通过加强现有的国际努力，强化涉及各国政府和私营部门的关键信息基础设施保护（CIIP）合作网络。

由于缺乏开放、安全、可以互操作和可靠的访问途径，并非世界上的所有地区都能受益于互联网，因此，欧盟将继续支持各国为国民准入和使用互联网付出的努力，以确保其完整性和安全性并有效打击网络犯罪。

在与成员国合作的同时，欧盟委员会和高级代表将：

* 制定协调一致的欧盟国际网络空间政策，与主要的国际合作伙伴和组织扩大合作，将网络问题纳入共同外交和安全政策，并更好地协调全球网络问题；

* 支持发展网络安全方面的行为规范和信心建立措施。就如何在网络空间中适用现有的国际法和进一步运用"布达佩斯公约"应对网络犯罪开展对话；

* 支持促进和保护基本权利，包括获取信息和表达自由，重点放在：a）制定关于线上和线下表达自由的新公共准则；b）监控可能被用于线上审查或大规模监视的出口产品或服务；c）运用扩大互联网接入、开放性和弹性的措施和工具，来应对利用通信技术进行审查或大规模监视问题；d）授权利益攸关方使用通信技术促进基本权利；

* 与国际合作伙伴和组织、私营部门和公民社会合作，以支持第三国的能力建设，提高其获取信息和互联网准入的能力，阻止和对抗包括突发事件、网络犯罪和网络恐怖主义在内的网络威胁，为引导能力建设开展援助国协调；

* 利用不同的欧盟援助工具开展网络安全能力建设，包括协助执法、

司法和技术人员培训以应对网络威胁；支持在第三国设立相关的国家政策、战略和机构；

* 通过国际关键信息基础设施保护网络（如"子午线网络"）和 NIS 主管部门及其他机构之间的合作来增强政策协调和信息共享。

3. 角色和职责

在互联互通的数字经济和社会中，网络事件不会停留在一国境内。从 NIS 主管部门、计算机安全应急响应小组、执法机构到行业，所有的行为体都必须在国家和欧盟层面承担责任、共同努力以加强网络安全。由于可能涉及不同的法律框架和司法管辖权，欧盟面临的主要挑战是厘清众多参与者的角色和责任。

鉴于问题的复杂性和参与者的多元化，集中的欧洲监管并不是正确答案。各国政府最适宜组织预防和应对网络事件和攻击，并与私营部门和普通大众在其既有的政策流和法律框架内建立联系和网络。与此同时，由于风险潜在或实际的无国界属性，国家要想有效应对往往需要欧盟层面的参与。为了全面应对网络安全，采取的行动需要跨越三大支柱——NIS、执法和防御——它们同样是在不同的法律框架内运作：

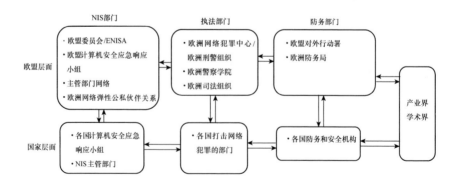

3.1. NIS 主管部门/计算机安全应急响应小组、执法部门和防务部门之间的协调

国家层面

成员国应该已经具备或者通过本战略制定出应对网络弹性、网络犯罪和防务的架构，而且它们应该达到应对网络事件所要求的能力水平。然而，由于一些实体在网络安全的不同维度可能有操作责任，考虑到私营部门参与的重要性，国家层面的协调合作应该在各部门间得以优化。成员国应在其国家网络安全战略中阐明不同国家实体的角色和责任。

应鼓励国家实体和私营部门之间开展信息共享，使成员国和私营部门对不同的威胁有全面的认识，并更好地了解网络攻击的新趋势和新技术，以更快地作出反应。通过建立应对网络事件的国家 NIS 合作计划，成员国应该能够明确地分配角色和职责，并优化响应行动方案。

欧盟层面

正如国家层面一样，欧盟层面也有很多应对网络安全的行为体，包括 ENISA、欧洲刑警组织/欧洲网络犯罪中心和欧洲防务局分别是 NIS、执法和防御方面的活跃机构。这些机构的管理委员会代表了各成员国，并且为欧盟层面上的协调提供了平台。

鼓励 ENISA、欧洲刑警组织/欧洲网络犯罪中心和欧洲防务局在其共同参与的一系列领域开展协调合作，特别是在趋势分析、风险评估、培训和最佳实践分享等方面，在合作的同时还应该保持各自的具体特性。这些机构应当和欧盟计算机安全应急响应小组、欧盟委员会和各成员国一道，支持建立由该领域技术和政策专家组成的可靠社群。

更多的结构性纽带将补充协调与合作的非正规渠道。欧盟军事人

员和欧洲防务局网络防御项目团队可以作为防御协调的载体。欧洲刑警组织/欧洲网络犯罪中心的计划委员会将汇聚欧洲司法组织、欧洲警察学院、成员国、ENISA 和欧盟委员会，为其提供分享各自经验的机会，确保欧洲网络犯罪中心在合作中开展行动。ENISA 的新授权将使其有可能增加与欧洲刑警组织间的联系，强化其与行业利益攸关方间的纽带。最重要的是，欧盟委员会关于 NIS 的立法提案将通过各国 NIS 主管部门网络建立一个合作框架，并在 NIS 和执法部门部门之间实现信息共享。

国际层面

欧盟委员会和高级代表与成员国一起，保证在网络安全领域采取国际协调行动。其间，欧盟委员会和高级代表将坚持欧盟核心价值观，并推动以和平、开放和透明的方式使用网络技术。欧盟委员会、高级代表和成员国还将同国际合作伙伴和国际组织（如欧洲委员会、经济合作与发展组织、欧洲安全与合作组织、北约和联合国）开展政策对话。

3.2. 欧盟在发生重大网络事件或攻击时提供支持

重大网络事件或攻击很可能影响欧盟国家政府、企业乃至个人。作为本战略和 NIS 指令提案的结果，对网络事件的预防、侦查和响应应有所改善，成员国和欧盟委员会对重大网络事件或攻击应当更加密切地保持沟通。不过，响应机制会因网络事件的性质、规模和跨国界影响力的不同而有所差异。

NIS 指令提议，如果网络事件严重影响了业务的连续性，就可以启动国家或欧盟（根据网络事件是否具有跨境属性作出选择）的 NIS 合作计划。在这种情况下，NIS 主管部门的网络将被用于分享信息和提供支持，这将使受影响的网络和服务获得维护和/或修复。

如果网络事件看似与犯罪相关，情况就需要上报欧洲刑警组织/欧洲网络犯罪中心，这样它们可以与受影响国家的执法机关一道启动调查，保存证据，查明肇事者，并最终确定他们被起诉。

如果网络事件可能涉及网络间谍、国家发起的攻击或对国家安全造成影响，国家安全和防务当局将提醒相关同行，让它们知道自己遭到了攻击并可以开展自卫。然后将激活早期预警机制，如果需要，也可以激活危机管理或其他程序。特别严重的网络事件或攻击可以为成员国援引欧盟团结条款（"欧盟运行条约"第222条）提供足够的理由。

如果网络事件可能危及个人数据，根据2002/58/EC指令，国家数据保护机构或国家监管机构就应当介入。

最后，处理网络事件和攻击将受益于联络网和国际合作伙伴的支持，包括技术缓解、刑事调查或激活危机管理应急机制。

4. 结论和后续跟进

欧盟网络安全战略由欧盟委员会和欧盟外交和安全事务高级代表提出，它概述了欧盟的愿景和所需的行动，以大力保护和促进公民权利为基础，致力于为欧盟营造世界最安全的网络环境。

只有通过众多行为体之间真正的合作，勇于承担责任并迎接未来挑战，这一愿景才能得以实现。

因此，欧盟委员会和高级代表请欧盟理事会和欧洲议会批准这项战略并帮助发布行动的概要。此外，还需要私营部门和公民社会的大力支持和承诺，它们是提高我们安全水平和保障公民权利的主要行为体。

现在是采取行动的时候了。欧盟委员会和高级代表决定同所有行为体一道，为欧洲创造所需的安全环境。要确保战略迅速落地并在可能的进展中获得评估，他们将在高级别会议中汇聚所有的相关方并在12个月内评估进展情况。

附录二　国际电信联盟：全球网络安全指数（GCI）地区核心指标平均分（2017）[①]

地区	法律	技术	组织	能力建设	合作
非洲	0.29	0.18	0.16	0.17	0.25
美洲	0.4	0.3	0.24	0.28	0.26
阿拉伯国家	0.44	0.33	0.27	0.34	0.29
亚太地区	0.43	0.38	0.31	0.34	0.39
独联体	0.58	0.42	0.37	0.38	0.4
欧洲	0.61	0.6	0.45	0.49	0.46

全球网络安全指数的五大核心指标如下 :（1）法律：基于处理网络安全和网络犯罪的法律机构和框架进行评价。（2）技术：基于网络安全技术机构进行评价。（3）组织：基于在国家层面建立的发展网络安全的政策协调机关和战略进行评价。（4）能力建设：基于研发和教育培训项目，以及是否有具有资质的专业人士和公共机构促进能力建设进行评价。（5）合作：基于合作伙伴、框架和信息共享网络进行评价。

[①] 来源：ITU, "Global Cybersecurity Index 2017", p. 25, https://www. itu. int/dms_pub/itu-d/opb/str/D-STR-GCI. 01－2017－PDF-E. pdf.

附录三　东盟防范和打击网络犯罪的宣言①

菲律宾马尼拉　2017 年 11 月 13 日

我们，东南亚国家联盟（以下称"东盟"）成员国的国家元首/政府首脑，齐聚在菲律宾马尼拉参加第 31 届东盟峰会；

注意到信息通讯技术作为东盟成员国治理、经济、商业和贸易、社会福祉和所有其他方面关键驱动力量的重要性；

认识到有必要设立国家行动计划，使之包含防范和打击网络犯罪以及执行反网络犯罪相关措施的国家政策和战略；

关注到误用和滥用信息通讯技术所引发犯罪行为的新兴不良影响，并且考虑到影响每个主权国家的网络犯罪所固有的技术和跨境属性；

认识到有必要推进旨在保护本地区共同体的网络犯罪合作，包括规划出具体有效的地区路径；

回顾东盟内政部长们 1997 年 12 月 20 日在菲律宾马尼拉举行的首届东盟关于跨国犯罪的部长级会议（AMMTC）上签署的《东盟跨国犯罪宣言》，其同意强化成员国做出的在地区层面合作打击跨国犯罪的承诺；

进一步回顾东盟关于跨国犯罪的部长级会议于 2017 年 7 月 26 日通过的《东盟打击跨国犯罪行动计划（2016—2025）》，东盟成员国同意继续密切合作，共同防范和打击网络犯罪、恐怖主义、贩卖人口、非法贩卖毒品、洗钱、武器走私、海盗等跨国有组织犯罪；

根据各方商定的"执行《东盟打击跨国犯罪行动计划》工作方案"

---

① "ASEAN Declaration to Prevent and Combat Cybercrime", November 14, 2017, http://asean.org/asean-declaration-prevent-combat-cybercrime/.

（该方案于 2015 年 9 月 28 日在马来西亚吉隆坡举行的第 10 届东盟关于
跨国犯罪的部长级会议的筹备会议——东盟打击跨国犯罪高官会上通
过）的条款，特别是诸如信息交换、监管和法律事务、执法、能力建设
和域外合作等有关网络犯罪的部分；

支持 2007 年 6 月 26—27 日第 7 届东盟打击跨国犯罪高官会期间通
过的东盟网络犯罪执行能力建设共同框架，以及之后于 2013 年 9 月 17
日同样在老挝万象举行的第 9 届东盟关于跨国犯罪的部长级会议上批准
建立的网络犯罪工作组；

申明 2006 年 7 月 28 日在马来西亚吉隆坡通过的东盟地区论坛
（ARF）《关于合作打击网络攻击和恐怖分子滥用网络空间的声明》中
的要点，包括承诺在打击网络犯罪的过程中继续携手努力，完善成员国
应对网络空间滥用问题时的合作与协调框架；

注意到东盟地区论坛 2012 年 7 月 12 日在柬埔寨金边通过的《在确
保网络安全方面开展合作的声明》，以及《关于信息通讯技术及其使用
安全的工作计划》；

确信与其他跨国犯罪相似，打击网络犯罪现有全球框架的延续性取
决于在制度和操作层面采取的统一地区行动；

**决心通过以下措施强化东盟成员国在地区层面合作预防和打击网络
犯罪的承诺：**

1. 承认协调网络犯罪和电子证据相关立法的重要性；

2. 鼓励东盟成员国探索加入打击网络犯罪现有地区性和国际性法
律文件的可行性；

3. 鼓励制定应对网络犯罪的国家行动计划；

4. 以共同利益（包括但不限于应对网络犯罪所需的专业技能）为
基础强化东盟成员国间的国际合作；

5. 通过信息、经验和良好实践的交流，推动东盟实体和其他相关

国家机构或组织在应对网络犯罪方面的合作和协调；

6. 在教育、职业、技术和行政领域，以培训和提供研究设施的方式互帮互助，提高每个东盟成员国应对网络犯罪的能力；

7. 推动东盟成员国间在社群教育方面开展合作以预防网络犯罪；

8. 推动东盟成员国与其对话伙伴、地区和国际层面的相关机构和组织（诸如东盟国家警察首长会议、欧洲刑警组织、国际刑警组织等）开展合作，以提高网络空间安全以及网络犯罪和网络相关事宜方面的预防和应对能力；

9. 与国际刑警组织全球创新综合机构（IGCI）密切合作，自愿支持或派驻网络犯罪专家，增强东盟防范和打击网络犯罪的能力；

10. 在东盟秘书处的推动下，通过工作组召集人监督和审议本宣言的执行情况，使其在东盟打击跨国犯罪高官会和东盟关于跨国犯罪的部长级会议上获得讨论和通过。

本宣言于 2017 年 11 月 13 日在菲律宾马尼拉获得通过

附录四　东盟电信和信息技术部长会议（TELMIN）个人数据保护框架①

东盟各成员国的电信和信息技术部长：

承诺通过信息通讯技术领域的合作实现更加包容和一体化的东盟，并且承诺推动东盟实现安全、可持续和变革性的数字赋能经济；

---

① "ASEAN Telecommunications and Information Technology Ministers Meeting Framework on Personal Data Protection", November 25, 2016, http: //asean. org/storage/2012/05/10 – ASEAN-Framework-on-PDP. pdf.

认识到加强个人数据保护的重要性，目标是推动数字经济条件下东盟成员国国内和相互之间贸易的增长和信息的流动；

忆及 2015 年 11 月 22 日在马来西亚吉隆坡举行的第 27 届东盟峰会上通过的《东盟经济共同体蓝图 2025》中，东盟领导人呼吁为个人数据保护建立一致而全面的框架；

进一步忆及 2015 年 11 月 27 日在越南岘港举行的第 15 届东盟电信和信息技术部长会议上通过的《东盟信息通讯技术 2020 总体规划》（AIM2020）呼吁就个人数据保护开展更多合作并建立地区框架；

考虑到《亚太经合组织隐私框架》（2015）以及其他获国际认可的个人数据保护标准或框架；

期望根据东盟成员国国内法律、政策和法规推动它们在个人数据保护领域更深入的了解、信息分享、实践交流、联合行动和合作；

业已就《个人数据保护的东盟框架》（下称《框架》）达成以下谅解：

目标

1. 本框架用以强化东盟的个人数据保护，为参与国之间的合作提供便利，目标是促进地区和全球贸易增长、推动信息的流动。

框架的效果

2. 本框架仅作为参与国意图的记录，并不构成或产生、亦不旨在构成或产生国内法或国际法下的义务，并且将不引起任何法律程序，不被认为构成或产生任何明示或默示具有法律约束力或可强制执行力的义务。

框架的范围

3. 如同在本框架第 6 段中阐明的那样，参与国将努力展开合作，在国内法律法规中推动和执行个人数据保护原则，同时继续为信息在东盟成员国之间的自由流动提供便利。

4. 本框架将不适用于：

（a）参与国为了让某些地区、个人或领域免于适用这些原则而采取的措施；

（b）与国家主权、国家安全、公共安全、公共政策相关的事宜，以及参与国认为适合豁免的一切政府活动。

5. 认识到合作的重要性，两个或更多参与国可以单独达成协议，进一步强化个人数据保护方面的合作，以在可行的情况下促成实现本框架的目标。

个人数据保护的原则

6. 参与国认识到保护和防止误用个人数据的必要性，将依据本框架、在国内法律法规中努力将个人数据保护的以下原则考虑在内并加以应用：

同意、通知和目的

（a）除以下两种情况外，机构不应当收集、使用或披露个人数据：

　　（i）个人已被告知或已同意收集、使用或披露其个人数据的目的；

　　（ii）国内法律法规授权或要求在未告知或经个人同意的情况下收集、使用或披露其个人数据。

（b）机构只有出于理性人认为恰当的目的才可以收集、使用或披露个人数据。

个人数据的正确性

（c）个人数据应当正确和完整，以满足被使用或披露之目的。

安全保障

（d）个人数据应得到恰当保护，防止丢失和未经授权的访问、收集、使用、披露、复制、修改、破坏或类似风险。

访问和校正

（e）应个人的要求，机构应当：

（i）在合理的期限内，提供机构掌握或控制的其个人数据的访问权；

（ii）校正其个人数据中的错误或遗漏，除非国内法律法规要求或授权机构在特定情况下不得提供个人数据的访问权或校正个人数据。

转移到另一国家或领地

（f）在将个人数据转移到另一国家或领地之前，该机构应当获取个人的同意或者采取合理的措施，确保接收数据的机构将采取与这些原则一致的方式保护个人数据。

保留

（g）一旦可以合理地认定不必为了法律或商业的目的保留数据，机构就应当停止保留包含个人数据的文件或者取消可以将数据与特定个人联系到一起的途径。

责任制

（h）机构应当负责遵从使这些原则生效的措施。

（i）一经收到希望了解与其掌控的数据相关的保护政策和实践的请求，机构应当提供清晰和易于获取的信息，还应当提供获知数据保护政策和实践的联系方式。

执行

7. 认识到各国处于不同的发展水平，参与国可以将本框架的适用推迟至做好执行准备之时，并以书面形式通知其他参与国。

8. 参与国在个人数据保护领域强化合作与协调，可以采取的联合行动包括：

（a）信息共享和交换；

（b）专题讨论会、研讨会或其他能力建设活动；

（c）在共同利益领域的联合研究。

9. 联合行动的执行情况（包括目标、预期成果和工作日程）应当在参与国约定的独立项目文件中提供。

框架下活动的金融安排

10. 支付本框架下联合行动所需费用的金融安排应由参与国共同商定。本框架不以任何方式代表参与国有关融资的任何承诺。

保密性

11. 参与国在执行本框架的过程中不得将其从其他参与国收到的秘密文件、信息或数据传达、散布、透露或公布给任何第三方，除非其他参与国以书面授权其提供这种文件、信息或数据。各参与国同意，即使此框架协议终止，本节的规定仍将继续适用。

修订条款

12. 经参与国一致同意，可随时修订本框架协议。

争端解决

13. 争端发生时，参与国应通过商议或谈判促使争端得到和解，无需求助于任何第三方或国际法庭。

参与国的代理人和地址

14. 参与国同意指定它们各自的数据或隐私保护机构负责协调、执行和管理与本框架有关的活动。

最终条款

15. 本框架将自其在东盟电信和信息技术部长会议上获得通过之日起生效。

16. 在至少提前 6 个月以书面形式通知其他参与国的情况下，参与国可随时退出本框架。这种退出将不影响任何进行中的项目、安排和/或活动的执行。

17. 本框架可以在所有参与国共同达成书面协议的情况下终止。

本框架于 2016 年 11 月 25 日在文莱斯里巴加湾市获得通过。

附录五　东盟领导人关于网络安全合作的声明①

我们，东南亚国家联盟（以下称"东盟"）成员国的国家元首/政府首脑，值此出席第 32 届东盟峰会之际；

共享建设和平、安全和有弹性地区网络空间的愿景，以之促进经济发展、推动地区互联互通和提高民众的生活水平；

认识到长期被视为国际问题的网络威胁已经无处不在，我们地区面

---

① "ASEAN Leaders' Statement on Cybersecurity Cooperation", April 27, 2018, http://asean. org/storage/2018/04/ASEAN-Leaders-Statement-on-Cybersecurity-Cooperation. pdf.

临紧迫和日益复杂的网络威胁；

　　承认网络安全是需要来自不同领域的多利益攸关方协调意见以有效应对的议题；

　　进一步认识到网络领域代表地区经济和科技发展的机遇，并且也能作为重要的就业来源；

　　承认推进以自愿为基础的、负责任国家行为的网络规范对于建立信任和信心，以及最终建立以规则为基础的网络空间非常重要；

　　重申国际法（特别是联合国宪章）可以适用于网络空间，并且对于维持和平和稳定以及推动建设开放、安全、稳定、便利与和平的信息通讯技术环境至关重要；

　　承认国家主权和源自主权的国际规范和原则适用于国家的信息通讯技术相关行为，以及它们在其领土范围内对信息通讯技术基础设施的管辖权；

　　重申东盟有必要在国际讨论中用一个声音说话，旨在形成有关网络安全的国际政策和能力建设框架，以在这些讨论中更加有效地推进本地区的利益；

　　注意到东盟各部门论坛的讨论呼吁在网络安全政策形成、外交、合作和能力建设方面开展更多地区合作，比如 2017 年 11 月 13 日在菲律宾马尼拉举行的第 31 届东盟峰会上的主席声明；2017 年 8 月 5 日在菲律宾马尼拉举行的第 50 届东盟外长会议上的联合公报；2017 年 10 月 23 日在菲律宾马尼拉召开的第 11 届东盟防长会议上宣布"为变革开展合作 与世界接轨"的联合宣言，以及 2017 年 9 月 18 日在新加坡举行的第二届东盟网络安全部长级会议上的讨论结果；强调有必要在东盟各部门协同相关的工作，以避免重复工作，同时确保网络安全方面现有和未来的倡议能得到协调和简化；

　　认可在推进地区网络安全合作和能力建设方面已经完成的工作，比如通过东盟关于跨国犯罪的部长级会议、东盟电信和信息技术部长会议、东盟网络安全部长级大会、东盟网络能力项目、东盟地区论坛闭会期间关于信息通讯技术安全的会议和东盟防长扩大会网络安全专家工作组会议等，开展网络安全和网络犯罪方面的执法培训；

注意到联合国等其他多边平台应对网络威胁的倡议；

特此同意

重申有必要通过东盟网络能力项目、东盟网络安全部长级会议和东盟—日本网络安全能力建设中心等，在东盟成员国间就网络安全政策和能力建设倡议开展更密切的合作和协调，以推广自愿和不具有约束力的网络规范，建设和平、安全和有弹性的以规则为基础的网络空间，进而延续东盟内部的经济发展、加强地区内互联互通、提高民众生活水平；

认识到东盟所有成员国有必要在网络空间执行实用的信心建立措施，采取一系列通用的、自愿和不具有约束力的负责任的国家行为规范，以增强信任和信心，使网络空间获得最大限度的利用，进一步推动地区经济繁荣和一体化；

还认识到与对话伙伴和其他外部力量在东盟主导的其他平台（包括东盟地区论坛和东盟防长扩大会）就网络安全事务增进对话和合作的价值；

要求东盟所有成员国的相关部长在东盟共同体三大支柱的各种平台就协调网络安全政策、外交、合作、技术和能力建设提供具有可行性的建议，以使东盟在这一重要议题上采取集中、有效和整体协调的行动；

进一步要求东盟所有成员国的相关部长在东盟网络安全部长级大会、东盟电信和信息技术部长会议以及东盟关于跨国犯罪的部长级会议等其他相关部门机构的讨论中取得进展，借鉴联合国政府专家组 2015 年从"国际安全角度看信息和通讯领域发展"的报告中建议的自愿性规范，认定东盟有望批准和执行的网络空间中自愿和务实的国家行为规范的具体清单，并在应对关键基础设施脆弱性方面为跨境合作提供便利，以及鼓励为打击犯罪分子和恐怖分子利用网络空间开展能力建设和合作。

（译者注：该声明发布于 2018 年 4 月 27 日第 32 届东盟峰会之际）

附录六　非盟关于网络空间安全和个人数据保护的公约①

导言

非盟成员国：

在 2000 年通过的《非盟宪章》的指导下；

鉴于为网络安全和个人数据保护建立法律框架的本公约体现了非盟成员国在次区域、区域和国际层面建立信息社会的现有承诺，

忆及它旨在定义非洲信息社会的目标和宽泛方针，并强化成员国和地区经济共同体有关信息通讯技术的现有立法；

重申成员国对基本自由和人权、民族权的承诺，这些承诺包含在非盟和联合国框架内通过的宣言、公约和其他法律文件中；

认为建立有关网络安全和个人数据保护的监管框架考虑到了尊重公民权的要求，而公民权不仅在国内法的文本中获得保障，还受到国际人

---

① African Union, "African Union Convention on Cyber Security and Personal Data Protection", June 27, 2014, http：//pages. au. int/sites/default/files/en ＿ AU% 20Convention% 20on% 20CyberSecurity% 20Pers% 20Data% 20Protec% 20AUCyC% 20adopted% 20Malabo. pdf.

权公约和条约（特别是《非洲人权和民族权宪章》）的保护；

注意到有必要动员所有公私行为体（国家、本地社团、私营企业、公民社会组织、媒体、培训和研究机构等）推进网络安全；

重申《非洲信息社会倡议》（AISI）和《非洲地区知识经济行动计划》（ARAPKE）中的原则；

意识到本公约旨在监管一个发展尤为迅速的科技领域，着眼于满足利益分化行为体的较高期望，它阐述了在电子交易、个人数据保护和打击网络犯罪方面建立可信的数字空间所必需的安全规则；

铭记非洲电子商务发展面临的主要障碍与安全事务相关，特别是：

- 在数据通讯和电子签名法律认定的监管方面存在的差距；
- 缺乏保护消费者、知识产权、个人数据和信息系统的具体法律规则；
- 缺乏电子服务和远程交换方面的立法；
- 将电子技术应用于商务和行政行为；
- 数码技术带来的验证问题（时间戳、认证，等等）；
- 应用于密码设备和服务的规则；
- 线上广告的监管；
- 缺少电子商务方面适宜的财政和海关立法；

确信上述观察证明建立符合非洲法律、文化、经济和社会环境的规范框架是合理的；并且，公约的目标是为非洲知识经济的崛起提供必要的安全和法律框架；

强调在另一层面上，对个人数据和私人生活的保护是信息社会中的政府和其他利益攸关方面临的主要挑战；这种保护要求在确保信息自由流动的同时，实现信息通讯技术的运用和公民工作生活中隐私权保护之间的平衡；

关注到亟需建立机制应对使用电子数据和个人记录引发的危险和风

险，目的是在非盟成员国开发和推广信息通讯技术时尊重隐私和自由；

考虑到公约的目标是满足非盟成员国在网络安全领域统一立法之需，以及在各国建立机制，打击因个人数据收集、处理、传递、存储和使用引发的侵犯隐私权行为；通过提出一种制度基础类型，公约担保不管使用何种处理形式都应尊重个人的基本自由和权利，同时也考虑国家的特权、本地社团的权利以及企业的利益；并且采纳国际公认的最佳实践；

考虑到信息社会刑法价值体系下提供的保护是安全考虑推动的必要措施；这主要体现为在打击网络犯罪（特别是洗钱）活动时需要恰当的刑事立法；

意识到当前网络犯罪已成为非洲计算机网络安全和信息社会发展的现实威胁，有必要为打击非盟成员国的网络犯罪制定战略指导方针，同时考虑它们在次区域、区域和国际层面的现有承诺；

考虑到公约在刑事实体法方面针对信息通讯技术特有的新型犯罪制定政策，以使网络犯罪方面的法律文件适应现代需要，并且让成员国有关犯罪、处罚和刑事责任的制度与信息通讯技术环境一致；

进而考虑到公约在刑事诉讼法方面定义了标准诉讼程序如何适应信息通讯技术领域的框架，并且阐明了针对网络犯罪提起诉讼的条件；

忆及 2010 年 1 月 31 日—2 月 2 日在埃塞俄比亚首都亚的斯亚贝巴召开的第 14 届非盟首脑会议通过的决定 Decision Assembly/AU/Decl. 1（XIV），会议的主题为"非洲信息和通信技术：挑战和发展前景"；

考虑到 2009 年 11 月 5 日在南非约翰内斯堡举行的非洲信息与通讯技术部长级会议通过了《奥利弗·坦博宣言》；

忆及 2012 年 2 月 22 日通过的《阿比让宣言》和 2012 年 6 月 22 日通过的《亚的斯亚贝巴宣言》中有关统一非洲网络立法的内容。

达成以下一致：

第一条：定义

为行使本公约：

AU 指非盟；

Child pornography（儿童色情）指采用电子、机械或其他手段，以照片、影片、视频、影像等任何视觉表现手段展现明显的性行为，并且：

a）这种表现色情内容的视觉材料中有未成年人的参与；

b）这种视觉表现材料是数码图像、计算机图像或者计算机生成的图像，未成年人参与明显的性行为，或者他们性器官的图像主要被制作或用于性爱目的并且在这些未成年人知情或不知情的情况下被用于谋利；

c）这种视觉表现材料被创作、改编或修饰，以表明未成年人在参与明显的性行为。

Code of conduct（行为准则）指由数据处理官设计的一套规则，旨在确立对计算机资源、网络和相关体系电子通讯技术的正确使用方式，这些规则还需获得保护机构的批准；

Commission（委员会）指非盟委员会；

Communication with the public by electronic means（借助电子手段与公众的沟通）指通过电子或磁性通信处理方法向公众提供符号、信号、书面材料、视频、音频或任何类型的讯息；

Computer system（计算机系统）指执行逻辑运算、算术运算或存储功能的电子、磁性、光学、电化或其他高速数据处理设备，或者一组相互连接的设备；它包括与这些设备直接相关或一起运作的数据存储设施或者通讯设施；

Computerized data（**计算机化数据**）指在计算机系统内以适合处理的形式出现的事实、信息或观念表现形式；

Consent of data subject（**数据主体同意**）指数据主体或者他/她的法定、司法或协议代表以明确、毫不含糊、不受限制、具体且可靠的意愿表现方式同意其个人数据被手动或电子处理；

The（or this）Convention（**本公约**）指《非盟关于网络安全和个人数据保护的公约》；

Critical Cyber/ICT Infrastructure（**关键网络/信息通讯技术基础设施**）指关系到公共安全、经济稳定、国家安全、国际稳定以及对网络空间的可持续性和复原至关重要的网络基础设施；

Cryptology activity（**密码活动**）指寻求生产、使用、进口、出口或者推销密码工具的所有活动；

Cryptology（**密码学**）指确保信息的机密性、真实性、完整性和不可否认性的科学；

Cryptology tools（**密码工具**）指允许加密和/或解密的科技工具（设备或软件）；

Cryptology service（**密码服务**）指代表本人或另一人操作密码设施的活动；

Cryptology services provider（**密码服务供应商**）指提供密码服务的自然人或法人；

Damage（**损害**）指对数据、程序、系统或信息的完整性或可用性造成的破坏；

Data controller（**数据控制方**）指单独或与他方合作收集和处理个人数据并决定其用途的自然人或法人、公共或私人组织/协会；

Data subject（**数据主体**）指作为个人数据处理主体的自然人；

Direct marketing（**直接营销**）指发出信息以直接或间接推广商品

和服务，或者商品销售者、服务提供者的形象；它也指为了达到上述目的，通过发出信息展开的游说活动，这和信息究竟是商业、政治抑或慈善的属性无关；

Double criminality/dual criminality（双重犯罪）指犯罪嫌疑人所在国和请求引渡嫌疑人的国家均认为应受惩罚的犯罪行为；

Electronic communication（电子通讯）指通过电子或磁性通信方法向公众传播符号、信号、书面材料、图片、声音或任何性质的讯息；

Electronic Commerce/e-commerce（电子商务）指通过计算机系统和电信网络（比如互联网或借助电子、光学或类似媒介进行远程信息交换的其他网络）出价、购买或提供商品和服务的行为；

Electronic mail（电子邮件）指由公共通信网络发出并存储在网络服务器或属于收件人的终端设备中的讯息（以文本、语音、声音或图像的形式出现）；

Electronic signature（电子签名）指附属于或者逻辑上与其他电子数据相关联、作为身份验证方式的电子数据；

Electronic signature verification device（电子签名验证装置）指用于验证电子签名的一套软件或硬件组成成分；

Electronic signature creation device（电子签名生成装置）指用于创建电子签名的一套软件或硬件组成成分；

Encryption（加密术）指使用密码工具以难以捉摸的形式处理数码资料的所有技术；

Exceeds authorized access（越权访问）指有权访问计算机，但是进入计算机系统后，获取或者修改了原本没有权利获取或修改的存放在计算机中的信息；

Health Data（健康数据）指与数据主体的身体或精神状态相关的所有信息，包括前面提到的基因数据；

Indirect electronic communication（**间接电子通讯**）指通过电子通讯网络发送的任何文本、语音、声音或图像讯息，这些讯息在被接收者收集之前存储在网络或者接收者的终端设备中；

Information（**信息**）指在设备的帮助下可以呈现并且能被使用、保存、处理或传播的知识要素。信息可能以书面、视频、音频、数码以及其他形式表现；

Interconnection of personal data（**个人数据的相互关联**）指的是将为了特定目标设计的处理数据与其他有着相同或相反目标的数据相协调的任何关联机制；

Means of electronic payment（**电子支付手段**）指持有者能够开展线上电子支付交易的手段；

Member State or Member States（**成员国**）指非盟成员国；

Child or Minor（**儿童或未成年人**）根据《非洲儿童权利与福利宪章》和《联合国儿童权利公约》，儿童或未成年人指 18 岁以下的任何人；

Personal data（**个人数据**）指的是有助于直接或间接识别自然人的任何信息，特别是身份证明号码或者自然人特有的身体、生理、思想、经济、文化或社会认同要素；

Personal data file（**个人数据档案**）指的是根据特定标准可以获取的所有结构化的一揽子数据，不管这些数据是否集中、分散或者按照功能或地理位置分布；

Processing of Personal Data（**个人数据处理**）指对个人数据开展的任何操作，不管这种操作是否采用了自动化手段，比如对个人数据的收集、记录、组织、存储、改编、变更、检索、备份、复制、咨询、使用、披露、组合、锁定、加密、删除或破坏；

Racism and xenophobia in information and telecommunication tech-

nologies（信息通讯技术的种族主义和仇外心理）指的是任何以种族、肤色、血统、人种或宗教的原因倡导、鼓励或煽动对个人或人群的仇恨、歧视或暴力的书面材料、图片或其他观点理论；

Recipient of processed personal data（被处理个人数据的接收者）指除了数据主体、数据控制方、转包商以及因职务关系有责任处理数据者之外，任何有资格接收此类数据的个人；

Secret conventions（秘密协议）指的是为了加密或解密操作的目的执行密码设备或服务所需的不公开的代码；

Sensitive data（敏感数据）既包括与宗教、哲学、政治、工会的观点与活动相关的个人数据，也包括与性生活、种族、健康、社会措施、法律诉讼、刑事或行政处分有关的个人数据；

State Party or State Parties（缔约国）指已经批准或加入现有公约的成员国；

Sub-contractor（分包商）指代表数据控制方处理数据的任何自然人或法人、公共或私营组织/协会；

Third Party（第三方）指的是数据主体、控制方、处理方以及在控制方或处理者的直接授权下获准处理数据的人之外的自然人或法人、公共机构或实体。

第一章　电子交易

第一节　电子商务
第2条：电子商务应用的范围

1. 成员国应当确保在批准或加入本公约的所有缔约国可以自由开展电子商务活动，除了：

a）赌博，包括合法授权的打赌和彩票；

b）法律代理和援助活动；

c）公证人或类似主管在应用现有文本时开展的活动。

2. 在不歧视非盟成员国现有法律和法规文本界定的其他信息义务的情况下，缔约国应当确保任何开展电子商务活动者使用非专属的标准向商品和服务的购买方提供有关以下信息的便捷、直接和不间断的获取机会：

a）自然人应提供本人姓名，法人应提供公司名称、在公司或协会注册表上的注册资本和注册号码；

b）公司设立地的完整地址、电子邮箱和电话号码；

c）需要企业注册手续或者在企业和协会国家目录注册的个人，应当提供注册号码、股本和公司总部所在地；

d）需要纳税的个人，应当提供纳税人识别号；

e）如果个人活动受许可证制度的管辖，应提供签发机构的名称和地址、授权的参考；

f）管制行业的从业者应提供可适用的职业规则、他/她的职称、授予他/她这种许可的非盟缔约国以及他/她登记所在的专业机构的名称。

3. 即使在缺少合同报价的情况下，参与电子商务活动的自然人或法人假如已经为上述活动设定了价格，就应当清晰和不含糊地标示这一价格，特别是在它包含了税收、运输费和其他费用的情况下。

第 3 条：通过电子手段提供商品和服务方的合同责任

电子商务活动受到从业者所在国法律的管控，也受到从业者和商品、服务接受方共同表达的意愿的约束。

第 4 条：通过电子手段开展宣传

1. 在不违背第 3 条的情况下，任何通过在线通讯服务可以接触到的广告宣传活动（不管其形式如何）都应被明确认定为以电子手段开展的宣传。应明确认定开展此类活动的个人或公司实体。

2. 当通过电子手段宣传促销优惠、促销竞争或游戏时,应当清楚地阐明并让他人轻松获知享受优惠、参与竞争或游戏的条件。

3. 非盟缔约国应当禁止在个人事先没有同意接受直接营销的情况下就通过间接通讯手段获取个人情况开展直接营销。

4. 尽管有第4.2条的规定,下面情况下通过电子邮件开展直接营销应当被允许:

a)通过收信人直接获取其本人情况;

b)收信人同意营销方与其联系;

c)直接营销涉及的是同一个人或公司实体提供的类似商品或服务。

5. 对于为了直接营销目的、借助间接电子通讯手段传输信息的行为,如果不能标明有效细节让收件人可以在不支付额外费用(信息传输费除外)的情况下发出阻止此类电子通讯的请求,缔约国应予以禁止。

6. 对于在线上交流服务中发布广告者隐瞒身份的行为,缔约国应予以禁止。

第二节 电子形式的合同义务

第5条:电子合同

1. 如果接收者同意使用电子方式,订立合同所要求的信息或者合同履行期可获取的信息可以通过这种方式传送。如果接收者此前没有明确声明对其他通讯方式的偏好,电子通讯方式就可以被假定为可接受。

2. 通过电子方式、以专业身份提供商品和服务的供应商应当直接或间接地根据国内法律、以方便保留和再现合同条件的方式提供可适用的条件。

3. 要达成有效合同,受要约人应当有机会在确认上述订单和表示接受之前核实她/他订单的细节(特别是价格)。

4. 提供商品和服务的一方在收到订单后应及时以电子方式告知对

方，如延迟应有正当理由。

当收信人能够访问电子订单、接受要约的确认以及收到订单的回执时，它们都被视为已收到。

5. 若企业或专业人士间有协议，本公约第5.3和5.4条的内容可予以豁免。

6. a. 参与本公约第2.1条第一段所定义活动的自然人或法人，应当在事实上为合同规定义务的适当履行对他/她的合同伙伴负责，不管这些义务究竟是由其本人还是由其他的服务供应商履行，这不会影响他/她对上述服务供应商的索赔权。

   b. 但是，若能证明合同的未被履行或履行情况不佳是由合同伙伴或不可抗力造成，该自然人或法人就可被免除全部或部分责任。

第6条：电子形式的书写

1. 在不违背缔约国现有国内法律条款的情况下，没有人会被迫以电子方式采取法律行动。

2. a. 如果为确保法律行为的有效性要求采用书面文件，缔约国应确立电子通讯和纸质文件之间功能对等的法律条件。

   b. 如果纸质文件在易读性或陈述方面要受特定条件约束，那么电子形式的书面文件也应受到同样约束。

   c. 可以通过电子形式满足传递书面文件副本的要求，收件人可以将上述书面文件再现为实物状态。

3. 本公约第6.2条的内容不适用于以下情况：

a）与家庭法和继承法相关的需签字的私人合同；

b）根据国内立法（不管是民法还是商法）与个人或真正的担保人相关的个人签名行为，为本人职业目的考虑的情况除外。

4. 如果收件人对电子形式的书面文件给予应有的注意并告知已收

到，该书面文件被视为已有效传送。

5. 考虑到发票的税收功能，它们必须以书面形式呈现，目的是确保其内容的可读性、完整性和可持续性。另需保证发票原件的真实性。

在发票和商品或服务的供给之间建立可靠审计跟踪的管控措施是可以实现发票的税收用途并确保满足其功能要求的方法之一。

除了在上一段中描述的管控类型外，下面的方法能从技术上确保电子发票原件的真实性和内容的完整性：

a）第 1 条中定义的合格的电子签名；

b）电子数据交换（EDI，通常被理解为按照商定的标准结构化并以 EDI 信息形式出现的商业和管理数据在计算机之间的电子转移），条件是交换协议规定使用能担保原件真实性和数据完整性的程序。

6. 电子形式的书面文件和纸质文件一样可以被接受为证据，并具有同样的法律效力，条件是电子文件的签发人易于辨别并以担保其完整性的方式予以保存。

第三节　电子交易的安全

第 7 条：确保电子交易的安全

1. a）商品供应方应允许他/她的客户使用各缔约国法规允许的电子支付方式付款。

   b）通过电子方式供应商品或提供服务者若声称免除某项义务，必须首先证明该项义务的存在，否则就要证明该义务已被免除或者根本不曾存在。

2. 如果缔约国的法律条款没有规定其他原则，并且各方之间没有有效协议，法官在解决与证据相关的冲突时就应当选择其中最为合理的说法，而不必在意所采用讯息的基础。

3. a）通过电子手段签署的合同副本或其他复制品在被国家机构授

权的实体鉴定为真实的情况下，应当和合同正本具有相同的
证明价值。

  b）在必要的情况下可发放与合同正副本内容相符的证书。

4. a）在签字者独自掌控的安全设备上完成的电子签名在附上数码
　　 认证的情况下，应当和手写签名一样被接受。

  b）如果电子签名由安全的签字设备完成、行为的真实性获得担
　　 保并且签字者的身份也鉴定属实，那么除非另有证明，相关
　　 手续就应被认为是可信赖的。

第二章　个人数据保护

第一节　个人数据保护

第 8 条：本公约关于个人数据的目标

1. 各缔约国应当致力于建立旨在强化基本权利和公共自由（特别
是保护实体数据）的法律框架，并且在不违背个人数据自由流动原则的
基础上惩罚任何破坏隐私权的行为。

2. 由此建立的机制应当确保数据处理形式在尊重自然人基本自由
和权利的同时，也承认国家的特权、本地社团的权利以及建立企业的
目的。

第 9 条：公约适用的范围

1. 以下行为应当受制于本公约：

a）自然人、国家、本地社团和公共或私营企业实体对个人数据的
　 采集、处理、传输、存储或使用；

b）文件中包含的自动化或非自动化数据处理行为，本公约第 9.2
　 条定义的数据处理行为除外；

c）非盟缔约国领土上发生的数据处理行为；

d）与公共安全、防御、研究、刑事诉讼或国家安全相关的数据处理行为，仅在现有法律特定条文定义的几种情况下存在例外。

2. 本公约不应适用于：

a）自然人在她/他个人或家庭的排他性环境中开展的数据处理活动，前提是这些数据没有系统提供给第三方或者用于散播；

b）为了实现数据的自动、中途和临时存储以及为了给该项服务的其他受益人提供所传递信息的最佳获取机会，在技术活动环境下制作的临时副本。

第 10 条：个人数据处理的前期手续

1. 以下行为应从前期手续中免除：

a）本公约第 9.2 条提到的数据处理；

b）数据处理的唯一目标是维护仅供个人使用的记录；

c）拥有宗教、哲学、政治或工会目标的非盈利协会或实体采取的数据处理行为，条件一是这些数据与相关协会或实体结构的目标一致，并且仅与其成员相关，二是这些数据未泄露给第三方。

2. 除了本公约第 10.1 条、第 10.4 条和第 10.5 条定义的情况外，个人数据处理应当到保护机构予以申报。

3. 对于个人数据处理当中最普遍的类型——那些不可能破坏隐私或个人自由的情况，保护机构可以建立和发布旨在简化或免除申报义务的标准。

4. 以下行为应当在国家保护机构授权后开展：

a）对包含基因信息和健康研究的个人数据的处理；

b）对包含犯罪、定罪或安全措施信息的个人数据的处理；

c）为了本公约第 15 条所定义的文件相互关联的目的进行的数据处理，包括公民身份证件号码或其他同样类型识别符号的数据处理；

d）对包含生物识别数据的个人数据的处理；

e）对与公共利益相关的个人数据的处理，特别是为了历史、统计或科学的目的。

5. 代表政府、公共机构、本地社团、运营公共服务的私人公司开展的个人数据处理应当符合在保护机构的告知建议之后颁布的法律法规。

此类数据处理与以下情况相关：

a）国家安全、国防或公安；

b）对犯罪行为、刑事定罪或安全措施的阻止、调查、侦查或起诉；

c）人口调查；

d）直接或间接暴露个人的种族、民族或宗教出身、归属关系的数据，涉及政治、哲学、宗教信仰或者工会会员身份的数据，抑或与健康、性生活有关的数据。

6. 若要求提供观点、声明和授权申请应标示：

a）数据控制方的身份和地址（或他/她在非盟缔约国领土上没有驻点的地方），他/她正式授权代表的身份和地址；

b）数据处理的目的以及对其功能的概述；

c）与其他处理活动的相互关联或者其他协调形式；

d）被处理的个人数据及其起源、涉及的人员类别；

e）被处理数据的保存期；

f）负责开展数据处理的公共事业机构以及由于职务或服务要求能够直接接触到注册数据的人员类别；

g）数据通讯的获准接收方；

h）行使准入权的个人或公共事业机构的职能；

i）确保处理行为和数据安全的措施；

j）使用分包商的指示；

k）将个人数据转移到非盟成员国之外的第三方国家，需遵守互惠原则。

7. 国家保护机构应当在接到要求提供观点或授权之日开始的固定时限内做出决定。但是，这一时限可以延期，或者不必以国家保护机构接到要求之日为基础。

8. 可以通过电子手段或者邮寄方式向国家保护机构发出有关授权的通知、声明或要求。

9. 可以由本人或者律师、接受正式授权的自然人或法人与国家保护机构联系。

第二节　保护个人数据的制度框架
第 11 条：国家个人数据保护机构的地位、构成和组织

1. a. 每个缔约国应当建立负责保护个人数据的机构。

 b. 国家保护机构应当是独立的行政机构，其任务是确保个人数据的处理方式符合公约的规定。

2. 国家个人数据保护机构应当告知相关人和数据处理官员他们的权利和义务。

3. 在不违背第11.6条的情况下，每个缔约国应当决定国家个人数据保护机构的构成。

4. 根据缔约国的现有规定，已宣誓尽职的官员可以受邀参与审计活动。

5. a. 国家保护机构的成员应当根据每个缔约国的现有规定履行保密义务。

 b. 每个国家保护机构应当制定包含案件审议、处理和介绍的程序规则。

6. 国家保护机构的成员履行企业高管的职能，并且在信息通讯技术行业的企业中持有股权，因此其成员不应包括政府官员。

7. a. 在不违背各国立法的情况下，各国保护机构的成员对其履行职责过程中表达的观点享有完全的豁免权；

  b. 国家保护机构的成员不应在履行职责的过程中从任何其他机构接受指导。

8. 缔约国应当为国家保护机构提供后者完成使命所必需的人力、技术和金融资源。

第 12 条：国家保护机构的职责和权力

1. 国家保护机构应当确保个人数据的处理符合本公约的规定。

2. 国家保护机构应当确保信息通讯技术不对公众自由和公民私生活构成威胁。要达到这一目的，国家保护机构应负责：

a）对有关个人数据处理的每项征求意见做出回应；

b）向相关人士和数据控制方告知他们的权利和义务；

c）在某些情况下，授权数据文件（特别是敏感文件）的处理；

d）接收个人数据处理的前期手续；

e）考虑有关个人数据处理的要求、请愿和投诉，并告知数据所有者相关结果；

f）对司法机构关注的犯罪类型一经发现迅即告知；

g）通过官员审计所有被处理的个人数据；

h）对数据控制方实施行政和金融制裁；

i）更新公众可查阅的个人数据目录；

j）为参与个人数据处理或开展可能导致数据处理实验的个人及实体提供建议；

k）授权个人数据的跨境转移；

l）为简化和完善数据处理的立法和监管框架提供建议；

m）建立与第三国的个人数据保护机构开展合作的机制；

n）参与个人数据保护方面的国际磋商；

o）定期准备活动报告，并提交给缔约国的相关机构。

3. 国家保护机构可以决定以下措施：

a）对那些未能遵守公约规定义务的数据控制方发出警告；

b）在规定时限内对这些违规行为发出正式的警告信。

4. 若数据控制方未履行警告信的要求，国家保护机构可以在辩论式诉讼程序之后开展以下制裁：

a）暂时撤回授权；

b）永久撤回授权；

c）货币形式的罚款。

5. 紧急情况下，若个人数据的处理或使用侵犯了基本人权和自由，国家保护机构可以在对抗制诉讼之后做出以下决定：

a）中断数据处理；

b）封锁部分被处理的个人数据；

c）暂时或永久性禁止与本公约规定不符的数据处理行为。

6. 国家保护机构开展的制裁和做出的决定接受上诉。

第三节　与个人数据处理条件相关的义务

第13条：个人数据处理的基本原则

原则1：个人数据处理的同意和合法性原则

在数据主体同意的情况下，个人数据处理应当被视为合法。但是，如果数据处理符合以下情况，就可以不再要求数据主体的同意：

a）遵循数据控制方即是数据主体的法律义务；

b）执行符合公共利益的任务，或执行数据控制方或者第三方获授权开展的任务；

c）履行数据主体是当事人的合同，或者数据处理是在签订合同前应数据主体要求采取的措施；

d）保护数据主体的关键利益或基本权利和自由。

原则2：个人数据处理的合法和公平原则

个人数据的收集、记录、处理、存储和传送应当合法、公平且不存在欺诈。

原则3：个人数据处理的目的、相关性和存储原则

a）数据的收集应该具有特定、明确和合法的目的，并且对数据进一步处理的方式应与这些目的相符；

b）依据收集和进一步处理数据的目的，数据的收集应当是恰当、相关且不过量的；

c）保存数据的时间应不超过收集或进一步处理数据的目的所需；

d）在规定的时间段之外，数据的存储只能用于满足为了历史、统计或研究目的依法开展的数据处理的特定需要。

原则4：个人数据处理的准确性原则

收集到的数据应当准确，并且在必要的情况下及时更新。必须采取一切合理的措施，以确保那些相对于它们被收集或者被进一步处理的目的而言不准确或不完整的数据被清除或改正。

原则5：个人数据处理的透明度原则

透明度原则要求数据控制方必须披露个人数据的信息。

原则6：个人数据处理的保密和安全原则

a）个人数据应当被秘密处理和保护，特别是当数据处理需要网络传输时；

b）当数据处理服务的对象是数据控制方时，后者应选择能提供足够保障的数据处理者。数据控制方和处理者有义务保证遵守本公约定义的安全措施。

第14条：处理敏感数据的特定原则

1. 缔约国应禁止收集和处理暴露个人以下信息的数据：种族、民族、宗教出身，家庭社会关系，政治观点，宗教或哲学信仰，工会会员身份，性生活和基因信息（或者更宽泛的意义来说关于数据主体健康状况的数据）。

2. 第14.1条中列出的禁止事项不应当适用于以下几种类型：

a）处理明显是由数据主体公开的数据；

b）数据主体已经通过书面形式同意对其数据的处理，并且这一行为也符合现有法规；

c）数据处理对于保护数据主体或者（在数据主体出于身体状况或法律方面的原因不能表示同意时）代理人的关键利益十分必要；

d）对于确立、行使法律主张或为其辩护而言必需的数据（特别是基因数据）处理；

e）已经建立司法程序或已经开展刑事调查；

f）对公共利益而言必要的数据处理，特别是为了历史、统计或科学的目的；

g）履行数据主体是当事人的合同，或者数据处理是在签订合同前应数据主体要求采取的措施；

h）数据处理对于遵从数据控制方应履行的法律法规义务而言有必要；

i）执行符合公共利益的任务或执行数据控制方/第三方获授权开展的任务时必需的数据处理；

j）具备政治、哲学、宗教、合作或工会目标的基金会、协会或其他非盈利机构在合法活动中开展的数据处理，并且条件是数据处理仅和这些机构的成员或者定期与该机构接触的个人有关、这些数据在没有获得数据主体同意的情况下未披露给第三方。

3. 为了新闻报道或者研究、艺术、文学创作的目的开展的个人数据处理应当是可接受的，条件是这些数据处理仅是为了文艺创作的目的或是为了新闻报道或研究活动的需要，符合这些行业的行为准则。

4. 公约的规定不应妨碍国内立法在纸媒或影音行业的应用，也不应排斥刑法中的规定（包括运用答辩权的条件以及阻止、限制、赔偿并在必要的情况下打压侵犯隐私权和破坏个人声誉行为的内容）。

5. 个人不应受制于那些仅凭自动处理的数据就做出的、对其能产生法律效果或者在很大程度上明显影响其个人的判决。

6. a）数据控制方不应将个人数据转移至非盟非成员国，除非该国保证对数据主体的隐私、自由和基本权利提供恰当的保护。

 b）在个人数据被转移到第三国之前，数据控制方应请求国家保护机构予以授权，这种情况下上述禁止不适用。

第 15 条：个人数据文件的相互关联

本公约第 10.4 条规定的文件的相互关联应当有助于达到数据控制者拥有合法权益的法律或法定目标。这不应导致不公平待遇或者限制数据主体的权利、自由和保障，应当受制于恰当的安全措施，并且将数据的相关性原则考虑在内。

第四节 数据主体的权利

第 16 条：信息权

数据控制方不论采用何种手段和设备，应当最迟在数据收集之时给作为数据主体的自然人提供以下信息：

a）他/她以及其代表的身份（若有代表的话）；

b）数据处理的目的；

c）所涉及数据的类型；

d）数据可能的接收方；

e）请求从文件中移除的能力；

f）接触并纠正与他/她相关数据的权利；

g）数据存储的期限；

h）将数据转移至第三国的建议。

第 17 条：准入权

作为数据主体的自然人可以问题的形式向数据控制者要求获得以下信息：

a）能够让他/她评估和反对数据处理的信息；

b）证实与他/她相关的数据是否正在被处理；

c）与他/她沟通正在被处理的个人数据以及一切有关数据来源的信息；

d）数据处理的目的、相关数据的类型、数据接收方等信息。

第 18 条：反对权

任何自然人都有权以合法理由反对与其相关的数据处理。

与自然人相关的个人数据被首次披露给第三方或者为了营销的目的被使用之前，他/她应当有被通知以及在不收取费用的情况下表示反对的权利。

第 19 条：纠正或消除的权利

当个人数据存在不准确、不完整、模棱两可或过时等问题，或者数据的收集、使用、披露或存储在被禁止之列时，自然人可以根据具体情况要求数据控制者纠正、补充、更新、封锁或消除这些数据。

第五节　个人数据控制者的义务

第 20 条：保密义务

个人数据的处理应当保密，仅能由那些获得数据控制者授权和指示的个人开展。

第 21 条：安全义务

数据控制者必须根据数据的性质采取一切恰当的预防措施，防止这些数据被改变、破坏或者被未经授权的第三方获取。

第 22 条：存储义务

个人数据的保存时间不应超过收集或处理数据的目的所需。

第 23 条：可持续性的义务

a）不管运用何种技术设备，数据控制者应当采取一切适当措施确保被处理的个人数据能被利用。

b）负责数据处理的官员应当特别保障技术变革不会给数据的利用构成障碍。

第三章　推进网络安全和打击网络犯罪

第一节　国家层面采取的网络安全措施

第 24 条：国家网络安全框架

1. 国家政策

每个缔约国都应当与利益攸关方合作制定承认关键信息基础设施（CII）重要性的国家网络安全政策，因为国家运用全致灾因子方法（all-hazards approach）识别了其面临的各种风险，并且概括出实现网络安全政策目标的方式。

2. 国家战略

缔约国应当采取其认为恰当的战略执行国家网络安全政策，特别是在立法改革、能力建设、公私伙伴关系和国际合作等领域。这些战略应定义网络安全政策的组织机构，确立执行目标和时间框架，并且为有效应对网络安全事件和开展国际合作奠定基础。

第 25 条：法律措施

1. 打击网络犯罪的立法

缔约国应批准其认为有效的法律和/或法规措施，对影响信息通讯技术系统、处理的数据和网络基础设施的机密性、完整性、可利用性和存在的刑事犯罪行为制定实体法，并对追捕和起诉罪犯制定有效的程序法。缔约国应当考虑选用国际实践中最常用的语言。

2. 国家监管机构

各缔约国应采取必要的法律和/或法规措施，给新成立或早已存在的机构以及上述机构中被指定的官员赋予具体责任，目标是让他们在网络安全应用的各个领域具有采取行动的法定权限和法律能力，这些权限和能力应包括但不局限于网络安全事件的应对以及在恢复性司法、法庭调查和起诉领域的协调合作等。

3. 公民权

在网络安全领域采取法律措施和建立执行框架时，各缔约国应确保采取的措施不会侵犯获得国家宪法、国内法担保和国际公约（特别是《非洲人权和民族权宪章》）保护的公民权，以及表达自由权、隐私权、听证权等其他基本权利。

4. 关键基础设施的保护

各缔约国应采取它们认为必要的法律和/或法规措施去确定与其国家安全和经济繁荣息息相关的领域，并认定旨在这些领域作为关键信息基础设施组成部分运作的信息通讯技术系统；对这些领域中针对信息通讯技术系统的犯罪活动提出更为严厉的处罚措施以及改善警戒、安全和管理的措施。

第 26 条：国家网络安全体系

1. 网络安全文化

a）各缔约国应在开发、拥有、管理、操作和使用信息系统和网络所有利益攸关方（即政府、企业、公民社会）之间推广网络安全文化。网络安全文化既应强调开发信息系统和网络的安全，也要强调在使用信息系统和开展网络通讯或交易期间采用新的思维和行为方式。

b）作为网络安全文化推广的一部分，缔约国可以采取以下措施：

为政府运作的系统建立网络安全计划；为系统和网络用户详细说明和落实安全计划和倡议；鼓励企业形成网络安全文化；推动公民社会的参与；为互联网用户、小企业、学校和儿童启动全面细致的国家宣传项目。

2. 政府的角色

各缔约国应当为境内网络安全文化的形成提供指引。成员国承担为公众提供教育培训和传播信息的任务。

3. 公私伙伴关系

各缔约国应将公私伙伴关系发展为吸引产业、公民社会和学术界共同参与推动和改善网络安全文化的模式。

4. 教育和培训

各缔约国应采取措施开展能力建设，给不同的利益攸关方提供涵盖网络安全各个领域的培训，并为私营部门设定标准。

缔约国通过认证和标准化培训、职业资格分类以及培训资料的开发和按需发放，在政府机构内外的信息通讯技术专业人士中推广技术教育。

第 27 条：国家网络安全监测结构

1. 网络安全治理

a）各缔约国应采取必要措施为网络安全治理建立适当的制度性机制。

b）按照本条第一段采取的措施，应当在缔约国的网络安全机构和相关专业机构中建立强大领导力和承诺。为了达到这一目的，缔约国应采取以下必要措施：

　i）以精确术语定义角色和责任，在各级政府建立网络安全方面的问责制；

　ii）明确、公开和透明地表达对网络安全的承诺；

　　　iii）鼓励私营部门承诺和参与政府主导的倡议，以推进网络安全。

　c）应当在尽可能多的网络安全领域建立能在国家层面应对与信息安全有关的挑战和各类事宜的网络安全治理框架。

2. 制度框架

各缔约国应采取其认为必要的措施建立打击网络犯罪的制度，监测和应对安全事件和警备状态，针对网络安全问题开展国内和跨境协调、全球合作。

第 28 条：国际合作

1. 协调

缔约国应确保其打击网络犯罪的法律和/或法规措施有助于推动相关措施的区域协调并遵守双重刑事责任原则。

2. 法律互助

没有签署网络犯罪互助协议的缔约国应鼓励签署符合双重刑事责任原则的法律互助协议，同时在双边和多边基础上推动缔约国组织之间的信息交换和数据有效分享。

3. 信息交换

缔约国应鼓励建立计算机安全应急响应小组（CERT）或计算机安全事件响应小组（CSIRTs）等交流有关网络威胁和脆弱性评估信息的机构。

4. 合作方式

缔约国应利用现有的国际合作方式应对网络威胁、改善网络安全和推动利益攸关方之间的对话。这些方式可以具有国际性、政府间性、地区性，或者以公私伙伴关系为基础。

第二节　犯罪条款

第 29 条：针对信息通讯技术的犯罪

1. 对计算机系统的攻击

缔约国应采取必要的法律和/或法规措施将以下行为认定为刑事犯罪行为：

a）针对部分或全部计算机系统获得或试图获得未经授权的准入机会，或超出授权访问；

b）针对部分或全部计算机系统获得或试图获得未经授权的准入机会，或超出授权访问，目的是实施另一罪行或为之提供方便；

c）在部分或全部计算机系统内以虚假方式存在；

d）妨碍、扭曲或者试图妨碍、扭曲计算机系统的运作；

e）以虚假方式在计算机系统内输入或试图输入数据；

f）以欺诈的方式毁坏或试图毁坏、删除或试图删除、损害或试图损害、变更或试图变更、改变或试图改变计算机数据。

缔约国应进一步：

g）通过法规迫使信息通讯技术产品的卖方请独立专家和研究人员对其产品开展脆弱性和安保评估，并且向消费者披露查明的弱点和推荐的解决方案；

h）采取必要的法律和/或法规措施将以下行为视为犯罪：非法生产、销售、进口、拥有、传播、转让或提供计算机设备、程序、以犯罪为目的设计或特别改造的装置、数据，非法生成/推出允许进入部分或全部计算机系统的口令、访问代码或类似的计算机数据。

2. 电脑数据泄露

缔约国应采取必要的法律和/或法规措施将以下行为认定为刑事犯罪行为：

a）在计算机系统内外非公开传输数据期间，借助技术手段以欺诈的方式截获或试图截获电脑数据；

b）有意输入、更改、删除或隐瞒计算机数据导致数据的不真实，意在使这些数据能够被当作真实数据用于合法目的。当事人在承担刑事责任前需被证实具有欺诈或类似不诚实的目的；

c）故意使用以不正当手段从计算机系统获取的数据；

d）通过输入、更改、删除或隐瞒计算机数据或其他干预计算机系统功能的方法，为自己或他人以欺骗性方式谋取利益；

e）即使是因为过失，在不遵照数据处理前期流程的情况下自己处理或者由他人处理个人数据；

f）参与蓄意做出本公约所认定违法行为的协会，或者签署有类似目的的协议。

3. 与内容相关的犯罪

（1）缔约国应采取必要的法律和/或法规措施将以下行为认定为刑事犯罪行为：

a）通过计算机系统制作、记录、提供、生产、提供、传播和传送儿童色情图像或表现形式；

b）通过计算机系统为自己或他人采购、进口和出口儿童色情图像或表现形式；

c）在计算机系统或在计算机数据存储介质上拥有儿童色情图像或表现形式；

d）向未成年人提供或帮助提供色情性质的图像、文件、音频或表现形式；

e）通过计算机系统创作、下载、传播或提供包含种族主义或仇外观点或理论的著作、信息、照片、绘画或其他表现形式；

f）通过计算机系统威胁对某人或一群人实施刑事犯罪，理由是他们在种族、肤色、血统、民族起源或宗教方面属于比较独特的群体；

g）通过计算机系统侮辱一群人，理由是他们在种族、肤色、血统、民族起源或宗教政治观点方面属于比较独特的群体；

h）通过计算机系统故意否认、赞成那些构成种族灭绝或危害人类罪的行为，或为其进行辩护。

（2）缔约国应采取必要的法律和/或法规措施将本公约中提到的违法行为认定为刑事犯罪行为。

若这些罪行是在犯罪组织的庇护下所犯，他们将被判处该罪行的最高刑罚。

（3）缔约国应采取必要的法律和/或法规措施以确保在定罪时，各国法院将对是否没收属于罪犯并被用于公约涉及罪行所需的材料、设备、器具、计算机程序和所有其他装置或数据做出裁决。

4. 与电子信息安全措施相关的犯罪

缔约国应采取必要的法律和/或法规措施以确保在刑事案件中容许使用电子证据定罪，条件是在诉讼程序中已提交并在法庭上已讨论过这些证据、能够及时找到作为电子证据来源的相关人士并且以能确保其完整性的方式保存这些证据。

第 30 条：适应信息通讯技术情况的罪行

1. 财产罪

a）缔约国应采取必要的法律和/或法规措施将以下侵犯财产权的行为视为犯罪，比如涉及计算机数据的盗窃、欺诈、处理赃物、滥用信托、勒索资金和敲诈；

b）缔约国应采取必要的法律和/或法规措施将利用信息通讯技术开展盗窃、欺诈、处理赃物、滥用信托、勒索资金、恐怖主义和洗钱等行为视为可加重罪行的情况；

c）缔约国应采取必要的法律和/或法规措施将互联网等"数字电子通讯手段"特别纳入缔约国刑法规定的公共传播方式；

d）缔约国应采取必要的刑事立法措施限制访问因包含重要的国家安全数据已被列为关键国防基础设施的受保护系统。

2. 法人的刑事责任

缔约国应采取必要的法律措施确保法人（而非国家、本地社团和公共机构）对其机构或代表为其利益犯下的本公约提到的罪行负责。法人的责任并不免除作为同一罪行罪犯或共犯的自然人的责任。

第 31 条：适应信息通讯技术情况的处罚

1. 刑事处罚

a）缔约国应采取必要的法律措施确保本公约提到的违法行为可以通过有效、适度和劝阻性的刑罚受到惩罚；

b）缔约国应采取必要的法律措施确保本公约提到的违法行为可以通过其国内立法下的相应刑罚受到惩罚；

c）缔约国应采取必要的法律措施确保可以通过有效、适度和劝阻性的制裁（包括罚款）对依照本公约的条款需负责任的法人做出惩罚。

2. 其他的刑事处罚

a）缔约国应采取必要的法律措施确保在对借助数字通讯媒介犯下的罪行定罪时，主管法院可以宣布额外的处罚；

b）缔约国应采取必要的法律措施确保在对借助数字通讯媒介犯下的罪行定罪时，法官还可以根据成员国法律规定的方式，命令通过同一媒介强制性宣传对罪犯的判决要点；

c）缔约国应采取必要的法律措施确保那些破坏存储在计算机系统内数据保密性的行为和违反专业保密规定的行为适用同样的刑罚。

3. 程序法

a）缔约国应采取必要的法律措施确保当存储在计算机系统或介质中的数据对确立事实真相有用时，受申请的法院可以通过另一计算机系统搜索访问存储着上述数据的计算机系统；

b）缔约国应采取必要的法律措施，确保当负责调查的司法机关发现存储在计算机系统内的数据对确立真相有用但没收计算机又显失宜时，可以根据缔约国立法规定的方式将相关的数据拷贝到可以没收和查封的计算机存储介质中。

c）缔约国应采取必要的法律措施，确保司法机关为了调查或执行司法授权的目的，可以开展本公约规定的业务。

d）缔约国应采取必要的法律措施，确保在有理由相信存储于计算机系统内的信息非常有可能丢失或被修改的情况下，负责调查的法官可以强制命令任何人在最多两年的期限内保存和保护其所掌控数据的完整性，以确保调查的顺利开展。数据的管理人或其他负责保存数据者应当为数据保密；

e）缔约国应采取必要的法律措施，确保负责调查的法官可使用适当的技术手段实时收集或记录在该国境内借助计算机系统传递的、有关特定通讯内容的数据，或者迫使服务供应商在其技术能力框架内运用境内现有的技术设备收集和记录上述数据，或为主管部门收集和记录数据提供支持和帮助。

第四章　最终条款

第 32 条：非盟层面将采取的措施

非盟委员会主席应向非盟大会报告本公约运行机制的建立和监管情况。

建立的监管机制应确保以下事宜：

a）推动和鼓励非洲大陆采取和执行旨在加强电子服务网络安全、打击网络犯罪和侵犯人权行为的措施；

b）收集有关网络安全需要、网络犯罪和侵犯人权行为性质和严重程度的文件和信息；

c）制定出分析网络安全需要、网络犯罪和侵犯人权行为性质和严重程度的方法，传播并在公众中普及有关这些现象负面效果的信息；

d）为非洲国家政府在国家层面推动网络安全、打击网络犯罪和侵犯人权提供建议；

e）收集信息并分析非洲信息网络和计算机系统用户的犯罪行为，将此类信息传递给主管部门；

f）为负责网络安全的公务人员制定和推动通过协调一致的行为准则；

g）与非盟委员会、非洲人权与民族权法院、非洲公民社会、政府组织、政府间组织以及非政府组织建立合作关系，为打击网络犯罪和侵犯人权的对话提供便利；

h）向非盟执行理事会定期提供各缔约国执行本公约条款进展的报告；

i）执行非盟政策机构分配的、与网络犯罪及网络空间侵犯人权行为有关的其他任务。

第 33 条：保障条款

本公约的条款不应按照与国际法（包括国际惯例法）相关原则不符的方式解读。

第 34 条：争端解决

1. 本公约产生的任何争端应当通过相关缔约国间的直接磋商友善

地获得解决。

2. 当争端不能通过直接磋商解决时，缔约国应通过其他和平方式解决争端，包括斡旋、调停和调解或者缔约国商定的其他和平方式。在此方面，缔约国应被鼓励利用非盟框架内建立的争端解决程序和机制。

第 35 条：签字、批准或加入

公约应对非盟所有成员国开放，允许它们依照各自的宪法程序签字、批准或加入。

第 36 条：生效

公约将在非盟委员会主席收到第 15 国的批准书之日起 30 天后生效。

第 37 条：修正

1. 任何缔约国均可提交本公约修正或修改的提案；

2. 修正或修改的提案应提交给非盟委员会主席，后者将在收到 30 日内将相关内容传给各缔约国；

3. 在非盟理事会的建议下，非盟大会应在其下一次会议上考虑这些提案，条件是所有缔约国应至少提前三个月获得通知；

4. 非盟大会应根据其程序规则通过修正案；

5. 修正案应依据上述第 36 条的规定生效。

第 38 条：存管

1. 有关批准或加入公约的法律文件应在非盟委员会主席处存管；

2. 在提前一年向非盟委员会主席发出书面通知的情况下，任何缔约国均可以退出本公约；

3. 非盟委员会主席应将公约的签署、批准、加入以及生效等情况告知所有成员国；

4. 非盟委员会主席也应当将修正公约或退出公约的请求、相关的保留意见等告知缔约国。

5. 公约一旦生效，非盟委员会主席应根据联合国宪章第 102 条在联合国秘书长处登记。

6. 非盟委员会主席负责存管以阿拉伯语、英语、法语和葡萄牙语起草的四种原始文本（具有同等效力），并将核证副本以官方语言发给非盟所有成员国。

兹证明，非盟的国家元首和政府首脑或我们的正式授权代表已通过本公约。

（公约于 2014 年 6 月 27 日在马拉博举行的非盟大会第 23 次例行会议上获通过。）

参考文献_____

一、中文部分

［美］奥兰·扬著，陈玉刚、薄燕译：《世界事务中的治理》，上海世纪出版集团 2007 年版。

［英］巴里·布赞、［丹麦］奥利·维夫、［丹麦］迪·怀尔德著，朱宁译：《新安全论》，浙江人民出版社 2003 年版。

［英］巴里·布赞、［丹麦］奥利·维夫著，潘忠岐、孙霞、胡勇、郑力译：《地区安全复合体与国际安全结构》，上海世纪出版集团 2009 年版。

［英］巴里·布赞、［丹麦］琳娜·汉森著，余潇枫译：《国际安全研究的演化》，浙江大学出版社 2011 年版。

［美］彼得·卡赞斯坦主编，宋伟、刘铁娃译：《国家安全的文化：世界政治中的规范与认同》，北京大学出版社 2009 年版。

蔡雄山："网络世界里如何被遗忘——欧盟网络环境下个人数据保护最新进展及对网规的启示"，《网络法律评论》2012 年第 2 期。

柴亚楠："欧盟网络安全体系建设分析及借鉴"，《湖北警官学院学报》2015 年第 3 期。

陈寒溪："第二轨道外交：CSCAP 对 ARF 的影响"，《当代亚太》2005 年第 4 期。

陈济朋："新加坡网络犯罪案件激增"，新华网，2014 年 8 月 13 日电。

陈盼："欧盟网络隐私权保护模式研究——兼述欧盟对 Facebook 面部识别技术的调查"，《研究生法学》2013 年第 4 期。

陈鹏："东南亚国家信息安全建设新观察"，《中国信息安全》2014 年第 9 期。

陈旸："欧盟网络安全战略解读"，《国际研究参考》2013 年第 5 期。

程晓勇："东盟超越不干涉主义——基于缅甸问题的考察与分析"，《太平洋学报》2012 年第 11 期。

［英］戴维·赫尔德、［英］安东尼·麦克格鲁主编，曹荣湘、龙虎等译：《治理全球化：权力、权威与全球治理》，社会科学文献出版社 2004 年版。

董青岭："多元合作主义与网络安全治理"，《世界经济与政治》2014 年第 11 期。

古丽阿扎提·吐尔逊："英国网络犯罪研究"，《中国刑事法杂志》2009 年第 7 期。

郭春涛："欧盟信息网络安全法律规制及其借鉴意义"，《信息网络安全》2009 年第 8 期。

郭丹、米铁男："国外网络隐私权保护制度评析"，《经济研究导刊》2013 年第 29 期。

郭华明："非洲电信市场空间巨大 光缆网络建设发展迅猛"，《世界电信》2013 年第 5 期。

华劼："网络时代的隐私权——兼论美国和欧盟网络隐私权保护规

则及其对我国的启示"，《河北法学》2008 年第 6 期。

黄金荣："人权'亚洲价值观'的复活？——评《东盟人权宣言》"，《比较法研究》2015 年第 2 期。

［澳］蒋佳丽著，肖玙译："东南亚地区主义与决策参与的局限"，《国外理论动态》2015 年第 2 期。

阚道远："美国'网络自由'战略评析"，《现代国际关系》2011年第 8 期。

郎平："网络空间安全与全球治理"，《国际形势黄皮书：全球政治与安全报告 2013》，社会科学文献出版社 2013 年版。

雷小兵、黎文珠："《欧盟网络安全战略》解析与启示"，《信息安全与通信保密》2013 年第 11 期。

李纪舟："2013 年欧盟网络和信息安全建设动态综述"，《信息安全与通信保密》2014 年第 2 期。

李加运、徐志惠："马来西亚信息安全建设综述"，《中国信息安全》2013 年第 12 期。

李静、王晓燕："新加坡网络内容管理的经验及启示"，《东南亚研究》2014 年第 5 期。

李少军："第三种方法：国际关系研究与诠释学方法"，《世界经济与政治》2006 年第 10 期。

李欲晓："中国和东盟在网络空间治理上的最大公约数"，《网络传播》2014 年第 10 期。

廖丹子："'多元性'非传统安全威胁：网络安全挑战与治理"，《国际安全研究》2014 年第 3 期。

林丽枚："欧盟网络空间安全政策法规体系研究"，《信息安全与通信保密》2015 年第 4 期。

刘宏松："国际组织的自主性行为：两种理论视角及其比较"，《外交评论》2006 年第 6 期。

刘金瑞："欧盟网络安全立法近期进展及对中国的启示"，《社会科学文摘》2017 年第 1 期。

刘伟、汪军："中国—东盟信息港论坛闭幕　中方提出八点合作倡议"，新华网，2015 年 9 月 15 日电，http：//news. xinhuanet. com/new-media/2015 – 09/15/c_134624461. htm。

刘杨钺、杨一心："集体安全化与东亚地区网络安全合作"，《太平洋学报》2015 年第 2 期。

刘杨钺："泰国的互联网发展及其政治影响"，《东南亚纵横》2014 年第 1 期。

鲁传颖："主权概念的演进及其在网络时代面临的挑战"，《国际关系研究》2014 年第 1 期。

［美］鲁德拉·希尔、［美］彼得·卡赞斯坦著，秦亚青、季玲译：《超越范式：世界政治研究中的分析折中主义》，上海世纪出版集团 2013 年版。

［美］迈克尔·巴尼特、［美］玛莎·芬尼莫尔著，薄燕译：《为世界定规则：全球政治中的国际组织》，上海人民出版社 2009 年版。

潘忠岐："东亚地区安全的构建——兼论欧洲地区主义经验的适用与不适用"，《多边治理与国际秩序》，上海人民出版社 2006 年版。

皮勇："论欧洲刑事法一体化背景下的德国网络犯罪立法"，《中外法学》2011 年第 5 期。

秦亚青："层次分析法与国际关系研究"，《欧洲》1998 年第 3 期。

秦亚青：《权力·制度·文化——国际关系理论与方法研究文集》，北京大学出版社 2005 年版。

秦亚青：《关系与过程：中国国际关系理论的文化建构》，上海人民出版社 2012 年版。

尚劝余："国际关系层次分析法：起源、流变、内涵和应用"，《国际论坛》2011 年第 4 期。

［美］斯蒂芬·加迪，柴志廷译："世界最大僵尸网络或藏非洲"，《世界报》2010 年 4 月 14 日，第 9 版。

宋效峰："公民社会与东盟地区治理转型：参与与回应"，《世界经济与政治论坛》2012 年第 4 期。

檀有志："网络空间全球治理：国际情势与中国路径"，《世界经济与政治》2013 年第 12 期。

唐小松、王凯："欧盟网络外交实践的动力与阻力"，《国际问题研究》2013 年第 1 期。

滕建群、徐龙第："网络战备、军控与美国"，中国国际问题研究所研究报告 2014 年第 3 期。

王慧慧："外交部：中国愿通过 ARF 拓展网络安全合作"，新华网，2013 年 9 月 11 日电，http：//www. gov. cn/jrzg/2013 – 09/11/content _ 2486292. htm。

王孔祥："网络安全的治理路径探析"，《教学与研究》2014 年第 8 期。

王磊、蔡斌："网络空间的威斯特伐利亚体系——欧盟网络信息安全战略浅析"，《中国信息安全》2012 年第 7 期。

王全弟、赵丽梅："论网络隐私权的法律保护"，《复旦学报（社会科学版）》2002 年第 1 期。

王世伟："论信息安全、网络安全、网络空间安全"，《中国图书馆学报》2015 年第 3 期。

王学军："非洲多层安全治理论析"，《国际论坛》2011 年第 1 期。

王云才："网络有组织犯罪威胁评估——欧洲网络犯罪中心报告解读与启示"，《中国人民公安大学学报（社会科学版）》2015 年第 1 期。

夏草："欧盟重拳出击网络集团犯罪"，《检察风云》2013 年第 9 期。

肖欢容：《地区主义：理论的历史演进》，北京广播学院出版社 2003 年版。

肖永平、李晶："新加坡网络内容管制制度评析"，《法学论坛》 2001 年第 5 期。

［美］熊玠著，余逊达、张铁军译：《无政府状态与世界秩序》，浙 江人民出版社 2001 年版。

徐敬宏："网络隐私权保护：域外模式述评及我国模式探索"，《情 报理论与实践》2010 年第 5 期。

徐龙第："战争法在网络空间的适用性：探索与争鸣"，《当代世 界》2014 年第 2 期。

徐培喜："中国—东盟网络空间论坛：嵌入全球互联网治理的现实 版图"，《网络传播》2014 年第 10 期。

阎学通、孙学峰："国际关系研究实用方法"，人民出版社 2007 年版。

杨天翔："网络隐私权保护：国际比较分析与借鉴"，《上海商学院 学报》2007 年第 4 期。

［瑞典］英瓦尔·卡尔松、［圭］什里达特·兰法尔主编，赵仲强、 李正凌译：《天涯成比邻：全球治理委员会的报告》，中国对外翻译出 版公司 1995 年版。

俞晓秋："打击网络犯罪欧盟做法可鉴"，《中国国防报》2013 年 1 月 22 日，第 10 版。

俞晓秋："欧盟成立打击网络犯罪中心的三点启示"，《中国信息安 全》2013 年第 2 期。

［美］詹姆斯·罗西瑙主编，张胜军、刘小林等译：《没有政府的

治理》，江西人民出版社 2001 年版。

张莉："透视《欧盟网络安全战略》"，《中国电子报》2013 年 10 月 22 日，第 6 版。

张睿："东南亚各国探索建设'安全网络'"，比特网，2013 年 6 月 25 日，http：//sec. chinabyte. com/247/12646747. shtml。

张秀兰：《网络隐私权保护研究》，北京图书馆出版社 2006 年版。

张宇燕、李增刚：《国际关系的新政治经济学》，中国社会科学出版社 2010 年版。

张振江："'东盟方式'：现实与神话"，《东南亚研究》2005 年第 3 期。

赵银亮：《聚焦东南亚：制度变迁与对外政策》，江西人民出版社 2008 年版。

郑先武："安全区域主义：建构主义者解析"，《国际论坛》2004 年第 4 期。

郑先武："安全区域主义：一种批判 IPE 分析视角"，《欧洲研究》2005 年第 2 期。

郑先武："区域间治理模式论析"，《世界经济与政治》2014 年第 11 期。

中国工业和信息化部："尚冰出席并主持第九次中国—东盟电信部长会议"，2015 年 1 月 23 日，http：//www. miit. gov. cn/n11293472/n11293832/n11293907/n11368223/16421515. html。

中国进出口银行非洲电信课题组："非洲电信市场现状与发展趋势"，《西亚非洲》2009 年第 6 期。

周济礼："新加坡电子商务信息安全建设举措"，《中国信息安全》2014 年第 1 期。

周秋君："欧盟网络安全战略解析"，《欧洲研究》2015 年第 3 期。

周玉渊："论东盟决策过程中的第三轨道外交"，《东南亚研究》2010 年第 5 期。

朱贵昌："多层治理与欧洲联盟的合法性"，《国际论坛》2008 年第 2 期。

二、英文部分

Abass, A. (2004), *Regional Organisations and the Development of Collective Security*, Oxford: Hart Publishing.

Akuta, E., Isaac Monari Ong'oa and Chanika Renee Jones (2011), "Combating Cyber Crime in Sub-Sahara Africa: A Discourse on Law, Policy and Practice", *Journal of Research in Peace*, *Gender and Development*, 1/4.

Archer, E. (2014), "Crossing the Rubicon: Understanding Cyber Terrorism in the European Context", *The European Legacy: Toward New Paradigms*, 19/5.

Arquilla, J. and David Ronfeldt (1993), "Cyber war is coming!", *Comparative Strategy*, 12/2.

Arthur Cox Group Briefing, October 2014, "EU Network and Information Security Directive: Is it possible to legislate for cyber security?", http://www. arthurcox. com/wp-content/uploads/2014/10/Arthur-Cox-EU-Network-and-Information-Security-Directive-October – 2014. pdf (accessed on January 28, 2016).

"ASEAN Regional Forum Statement on Cooperation in Fighting Cyber Attack and Terrorist Misuse of Cyberspace", July 28, 2006, issued at the 13th ASEAN Regional Forum, Kuala Lumpur, http://www. mofa. go. jp/files/000016403. pdf, (accessed on January 28, 2016).

ASEAN Secretariat, May 30, 2014, "ASEAN Steps Up Fight against

Cybercrime and Terrorism", http：//www. asean. org/news/asean-secretari-at-news/item/asean-steps-up-fight-against-cybercrime-and-terrorism, (accessed on July 28, 2015) .

Australian Strategic Policy Institute, April 2014, "Cyber Maturity in the Asia-Pacific Region 2014", http：//kipis. sfc. keio. ac. jp/wp-content/uploads/2014/04/ASPI_cyber_maturity_2014. pdf, (accessed on January 12, 2016) .

Ballard, M. , April 15, 2010, "Conflict over Proposed United Nations Cybercrime Treaty", http：//www. computerweekly. com/news/12800925 81/Conflict-over-proposed-United-Nations-cybercrime-treaty, (accessed on January 16, 2016) .

Bendiek, A. (2012), "European Cyber Security Policy", German Institute for International and Security Affairs Research Paper, http：// www. swp-berlin. org/filcadmin/contents/products/research _ papers/2012 _ RP13_bdk. pdf, (accessed on January 16, 2016) .

Bennett, L. (1988), *International Organizations：Principles and Issues*, New Jersey：Simon & Schuster Inc.

Breslin, S. and Stuart Croft (eds.) (2012), *Comparative Regional Security Governance*, New York：Routledge.

Capie, D. (2010), "When does Track Two Matter? Structure, Agency and Asian Regionalism", *Review of International Political Economy*, 17/2.

Cassim, F. (2011), "Addressing the Growing Specter of Cyber Crime in Africa：Evaluating Measures Adopted by South Africa and Other Regional Role Players", *The Comparative and International Law Journal of Southern Africa*, 44/1.

Cavelty, M. , Victor Mauer and Sai Felicia Krishna-Hensel (eds.) (2007), *Power and Security in the Information Age*, Burlington: Ashgate Publishing Company.

Chik, W. (2013), "The Singapore Personal Data Protection Act and an Assessment of Future Trends in Data Privacy Reform", *Computer Law & Security Review*, Vol. 29.

Choucri, N. , Stuart Madnick and Jeremy Ferwerda (2014), "Institutions for Cyber Security: International Responses and Global Imperatives", *Information Technology for Development*, 20/2.

Christou, G. (2014), "The EU's Approach to Cyber Security", EU-SC, Policy Paper Series, http: //eusc. essex. ac. uk/documents/EUSC% 20Cyber% 20Security% 20EU% 20Christou. pdf, (accessed on January 16, 2016) .

Costigan, S. and Jake Perry, (eds.) (2012), *Cyberspaces and Global Affairs*, Burlington: Ashgate Publishing Company.

CSCAP Memorandum No. 20, May 2012, "Ensuring A Safer Cyber Security Environment ", http: //www. cscap. org/uploads/docs/Memorandums/CSCAP% 20Memorandum% 20No% 2020% 20 – % 20Ensuring% 20a% 20Safer% 20Cyber% 20Security% 20Environmenet. pdf, (accessed on August 3, 2015) .

Diehl, P. (ed.) (2001), *The Politics of Global Governance: International Organizations in an Independent World*, London: Lynne Riener Publishers.

EDPS Press Release, June 1, 2015, "EU Data Protection Reform: the EDPS Meets International Civil Liberties Groups", Brussels, https: //secure. edps. europa. eu/EDPSWEB/webdav/site/mySite/shared/Documents/

EDPS/PressNews/Press/2015/EDPS – 2015 – 04 – EDPS_EDRI_EN. pdf,（accessed on October 3, 2015）.

EDRi, Access, Panoptykon Foundation and Privacy International, March 3, 2015, "Data Protection Broken Badly", https：//edri. org/files/DP_BrokenBadly. pdf,（accessed on January 3, 2016）.

Ehrhart, H. , Hendrik Hegemann & Martin Kahl（2014）, "Towards Security Governance as a Critical Tool：a Conceptual Outline", *European Security*, 23/2.

Email sent to President of the European Commission Juncker, April 21, 2015, https：//edri. org/files/DP_letter_Juncker_20150421. pdf,（accessed on October 3, 2015）.

Eriksson, J. and Giampiero Giacomello（2006）, "The Information Revolution, Security and International Relations：（IR）relevant Theory?", *International Political Science Review*, 27/221.

Essers, L. , March 3, 2015, "EU Data Protection Reform 'Badly Broken', Civil Liberty Groups Warn", IDG News Service, http：//www. cio. com/article/2892173/eu-data-protection-reform-badly-broken-civil-liberty-groups-warn. html（accessed on October 3, 2015）.

"EU Cybersecurity Dashboard：a Path to a Secure European Cyberspace"（2015）, BSA the Software Alliance, http：//cybersecurity. bsa. org/assets/PDFs/study_eucybersecurity_en. pdf, （accessed on January 3, 2016）.

European Parliament Directorate-General for External Policies, April 2011, "Cybersecurity and Cyberpower：Concepts, Conditions and Capabilities for Cooperation for Action within the EU", EXPO/B/SEDE/FWC/2009 – 01/LOT6/09, http：//www. europarl. europa. eu/RegDa-

ta/etudes/etudes/join/2011/433828/EXPO-SEDE_ET（2011）433828
_EN. pdf，（accessed on January 3，2016）.

European Parliament，"ENISA and a New Cybersecurity Act"，January
16，2018，http：//www. europarl. europa. eu/thinktank/en/document. html?
reference = EPRS_BRI（2017）614643，（accessed on July 3，2018）.

Gagliardone，I. and Nanjira Sambuli（2015），"Cyber Security and Cy-
ber Resilience in East Africa"，Chatham House，Paper Series：No. 15.

Gerard，K.（2013），"From the ASEAN People's Assembly to the
ASEAN Civil Society Conference：the Boundaries of Civil Society Advocacy"，
Contemporary Politics，19/4.

Grobler，M.，Joey Jansen van Vuuren and Jannie Zaaiman（2013），
"Preparing South Africa for Cyber Crime and Cyber Defense"，*Systemics Cy-
bernetics and Informatics*，11/7.

Grobler，M.，Joey Jansen van Vuuren and Louise Leenen（2012），
"Implementation of a Cyber Security Policy in South Africa：Reflection on
Progress and the Way Forward"，*ICT Critical Infrastructures and Society*，
Vol. 386.

Haftel，Y. and Alexander Thompson（2006），"The Independence of
International Organizations：Concept and Applications"，*Journal of Conflict
Resolution*，Vol. 50.

Heinl，C.（2013），"Enhancing ASEAN-wide Cybersecurity：Time for
a Hub of Excellence?"，RSIS Working Paper，No. 133.

Heinl，C.（2013），"Regional Cyber Security：Moving Towards a Re-
silient ASEAN Cyber Security Regime"，RSIS Working Paper，No. 263.

Heinl，C.（2013），"Tackling Cyber Threats：ASEAN Involvement in
International Cooperation"，RSIS Commentaries，No. 114.

Heinl, C. and Stephen Honiss (2015), "Cybersecurity: Advancing Global Law Enforcement Cooperation", *RSIS Working Paper*, No. 111.

ITU (2017), "Global Cybersecurity Index", https://www.itu.int/dms_pub/itu-d/opb/str/D-STR-GCI.01－2017－PDF-E.pdf.

Janczewski, L. and Andrew M. Colarik (eds.) (2007), *Cyber Warfare and Cyber Terrorism*, Hershey: Information Science Reference.

Kah Leng, T. (1997), "Internet Regulation in Singapore", *Computer Law & Security Report*, 13/2.

Kallberg, J. and Steven Rowlen (2014), "African Nations as Proxies in Covert Cyber Operations", *African Security Review*, 23/3.

Karns, M. and Karen A. Mingst (2010), *International Organizations: the Politics and Processes of Global Governance*, London: Lynne Rienner Publishers.

Khanisa, (2013), "A Secure Connection: Finding the Form of ASEAN Cyber Security Cooperation", *Journal of ASEAN Studies*, 1/1.

Kirchner, E. and Roberto Dominguez (2011), *The Security Governance of Regional Organizations*, New York: Routledge.

Klimburg, A. (ed.) (2012), *National Cyber Security Framework Manual*, NATO CCD COE Publication, Tallinn.

Koremenos, B., Charles Lipson and Duncan Snidal (2001), "The Rational Design of International Institutions", *International Organization*, 55/4.

Krahmann, E. (2003), "Conceptualizing Security Governance", *Co-operation and Conflict*, 38/1.

Kritzinger, E. and SH von Solms (2012), "A Framework for Cyber Security in Africa", *Journal of Information Asssurance & Cybersecurity*.

Lake, D. and Patrick M. Morgan (1997), *Regional Orders: Building Security in a New World*, University Park: Penn State University Press.

Libicki, M. (1995), *What is information warfare?*, Washington: National Defense University, Institute for National Strategic Studies.

Limb, P. (2005), "The Digitization of Africa", *Africa Today*, 52/2.

Lord, K. and Travis Sharp (eds.) (2011), *America's Cyber Future: Security and Prosperity in the Information Age*, CNAS, https://www.cnas.org/files/documents/publications/CNAS_Cyber_Volume%20I_0.pdf (accessed on January 3, 2016).

Maurer, T. (2011), "Cyber Norm Emergence at the United Nations-An Analysis of the UN's Activities regarding Cyber-security?", Discussion Paper 2011 – 11, Cambridge, Mass. : Belfer Center for Science and International Affairs, Harvard Kennedy School.

Miller, B. (2001), "The Concept of Security: Should it be Re-defined?", *The Journal of Strategic Studies*, 24/1.

MØller, B. (2012), *European Security: the Roles of Regional Organizations*, Burlington: Ashgate Publishing Company.

Mueller, C. and Khuon Narim, December 12, 2014, "Controversial Cybercrime Law 'Scrapped'", *The Cambodia Daily*, https://www.cambodiadaily.com/archives/controversial-cybercrime-law-scrapped – 74057/, (accessed on January 3, 2016).

Mutula, S. (2008), "Digital Divide and Economic Development: Case Study of Sub-Saharan Africa", *The Electronic Library*, 26/4.

NATO CCD-COE, July 20, 2013, "ASEAN Regional Forum Reaffirming the Commitment to Fight Cyber Crime", https://ccdcoe.org/asean-regional-forum-reaffirming-commitment-fight-cyber-crime.html, (accessed on

October 3, 2015).

Noor, E., November 2014, "Securing ASEAN's Cyber Domain: Need for Partnership in Strategic Cybersecurity", RSIS Commentary, No. 236 – 26.

Nykodym, N. and Robert Taylor (2004), "The World's Current Legislative Efforts against Cyber Crime", *Computer Law & Security Report*, 20/5.

Obura, F., April 10, 2017, "Kenya Worst Hit in East Africa by Cyber Crime", https://www.standardmedia.co.ke/business/article/2001235 820/kenya-worst-hit-in-east-africa-by-cyber-crime, (accessed on July 3, 2018).

Orlov, V. (2012), "Cyber Crime: A Threat to Information Security", *Security Index: A Russian Journal on International Security*, 18/1.

Pawlak, P. (2013), "Cyber World: Site under Construction", European Union Institute for Security Studies, http://indianstrategicknowledgeonline.com/web/EU%20Cyber.pdf (accessed on January 16, 2016).

Pawlak, P. and Catherine Sheahan (2014), "The EU and its (Cyber) Partnership", European Union Institute for Security Studies, http://www.iss.europa.eu/uploads/media/Brief_9_Cyber_partners.pdf, (accessed on January 16, 2016).

Pernik, P. (2014), "Improving Cyber Security: NATO and the EU", International Center for Defense Studies, http://www.icds.ee/fileadmin/media/icds.ee/reports/Piret_Pernik_–_Improving_Cyber_Security.pdf (accessed on January 16, 2016).

PIR Center, (2014), "Common Agenda for Russia and ASEAN in Cyberspace: Countering Global Threats, Strengthening Cybersecurity, and Fostering Cooperation", *Security Index: A Russian Journal on International Secu-*

rity, 20/2.

Polikanov, D. and Irina Abramova (2003), "Africa and ICT: A Chance for Breakthrough?", *Information*, *Communication & Society*, 6/1.

Ponelis, S. and Marlene A. Holmner (2015), "ICT in Africa: Building a Better Life for All", *Information Technology for Development*, 21/2.

Quarshie, H. (2013), "Fighting Cyber Crime in Africa – Issues of Jurisdiction", *Journal of Emerging Trends in Computing and Information Sciences*, 4/1.

Reilly, M. (2007), "Beware, Botnets Have Your PC in Their Sights", *New Scientist*, 196/2634.

Renard, T. (2014), "The Rise of Cyber-diplomacy: the EU, its Strategic Partners and Cyber-security", European Strategic Partnerships Observatory, working paper, http://www.egmontinstitute.be/wp-content/uploads/2014/06/ESPO – WP7. pdf, (accessed on January 16, 2016).

"Report on the 1st Meeting of CSCAP Study Group on Cyber Security", March 21 – 23, 2011, Putrajaya, Malaysia, http://www.cscap.org/uploads/docs/Cybersecurity/1CyberSec%20cochairs%20report. pdf, (accessed on January 16, 2016).

"Report on the 2nd Meeting of the CSCAP Study Group on Cyber Security", October 11 – 12, 2011, Bengaluru, India, http://www.cscap.org/uploads/docs/Cybersecurity/2CyberSec%20cochairs%20report. pdf (accessed on January 16, 2016).

Robinson, S. and Daniel Gilfillan (2017), "Regional Organisations and Climate Change Adaptation in Small Island Developing States", *Regional Environmental Change*, Vol. 17.

Rodan, G. (1998), "The Internet and Political Control in Singapore", *Political Science Quarterly*, 113/1.

Röhrig, W. and WgCdr RobSmeaton (2014), "Cyber Security and Cyber Defense in the European Union: Opportunities, Synergies and Challenges", *Cyber Security Review*, summer.

Satola, D. and Henry L. Judy (2010), "Towards a Dynamic Approach to Enhancing International Cooperation and Collaboration in Cybersecurity Legal Frameworks", *William Mitchell Law Review*, 37/4.

Schmitt, M. (ed.) (2013), *Tallinn Manual on the International Law Applicable to Cyber Warfare*, New York: Cambridge University Press.

Sliwinski, K. (2014), "Moving beyond the European Union's Weakness as a Cyber-Security Agent", *Contemporary Security Policy*, 35/3.

Smith, H., October 17, 2013, "EU Cyber Crime Directive Takes a Tougher Stance Against Attacks on Information Systems", http://www.lexology.com/library/detail.aspx? g = d3863b21 – 3c3b – 419e – 8a8f – 2b007acb3a10, (accessed on October 3, 2015).

Smith, D. August 26, 2015, "The EU Regulation – Approaching the Home Straight?", Information Commissioner's Office blog, https://iconewsblog.wordpress.com/2015/08/26/the-eu-regulation-approaching-the-home-straight/, (accessed on October 3, 2015).

U. S. Department of State, July 2, 2013, "U. S. Engagement in the 2013 ASEAN Regional Forum", Press Release, http://www.state.gov/r/pa/prs/ps/2013/07/211467.htm (accessed on October 3, 2015).

UNCTAD, (2013), "Review of E-commerce Legislation Harmonization in the ASEAN", http://unctad.org/en/PublicationsLibrary/dtlstict2013d1_en.pdf, (accessed on January 3, 2016).

UNODC, (2013), "Comprehensive Study on Cybercrime (draft)",

http：//www. unodc. org/documents/organized-crime/UNODC _ CCPCJ _ EG. 4_2013/CYBERCRIME _ STUDY _ 210213. pdf，（accessed on January 3，2016）.

Ziolkowski，K. （2013），"Confidence Building Measures for Cyberspace-Legal Implications"，NATO CCD-COE，Tallinn，http：//www. unodc. org/documents/organized-crime/UNODC_CCPCJ_EG. 4 _2013/CYBER-CRIME_STUDY_210213. pdf （accessed on January 3，2016）.

图书在版编目（CIP）数据

地区组织网络安全治理/肖莹莹著.—北京：时事出版社，2019.2
ISBN 978-7-5195-0274-4

Ⅰ.①地…　Ⅱ.①肖…　Ⅲ.①计算机网络—网络安全—研究
Ⅳ.①TP393.08

中国版本图书馆 CIP 数据核字（2018）第 248353 号

出 版 发 行：时事出版社
地　　　址：北京市海淀区万寿寺甲 2 号
邮　　　编：100081
发 行 热 线：(010) 88547590　88547591
读者服务部：(010) 88547595
传　　　真：(010) 88547592
电 子 邮 箱：shishichubanshe@ sina. com
网　　　址：www. shishishe. com
印　　　刷：北京旺都印务有限公司

开本：787×1092　1/16　印张：16.5　字数：300 千字
2019 年 2 月第 1 版　2019 年 2 月第 1 次印刷
定价：98.00 元
（如有印装质量问题，请与本社发行部联系调换）